IDEAL BUSINESS

創業全攻略 行動餐車

從創業心法、車體改裝到上路運營，
9 個計劃 **Step by Step** 教你打造人氣餐車

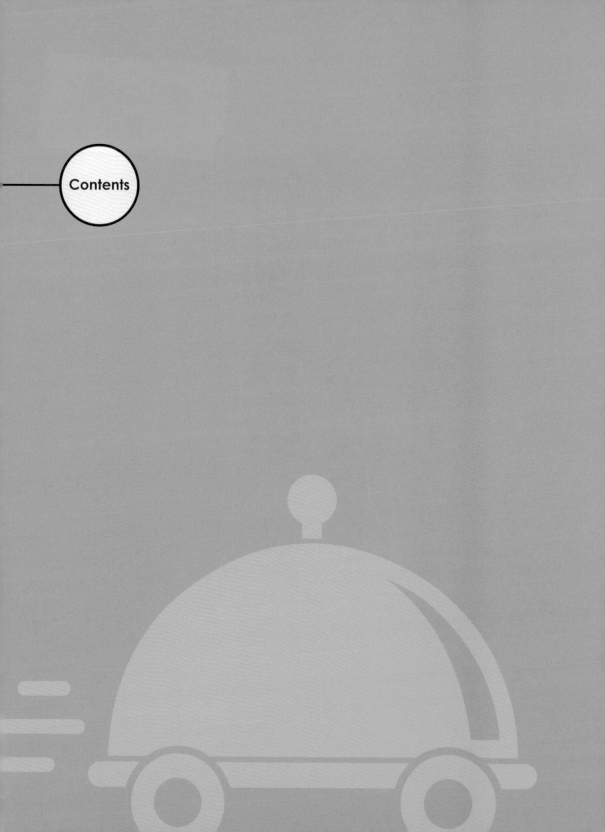

Contents

Chapter 01

行動餐車創業脈動

攤車、兩輪或三輪車、小貨車等改裝之餐車、胖卡（廂型車改裝福斯 T1 車頭）以及人員與餐點全都在車內作業的美式餐車等各式「行動餐車」究竟有什麼魅力，讓它成為微型創業的首選之一？

本章「Part 1-1 行動餐車風潮」解析台灣行動餐車熱潮出現的原因。「Part 1-2 行動餐車發展趨勢」以餐車協會、餐飲顧問角度，分析餐車發展現況與趨勢。「Part 1-3 行動餐車空間設計」挖掘各種行動餐車空間設計眉角。「Part 1-4 行動餐車創業終極目標」則將行動餐車創業的兩大面向「階段性」與「目的性」目標拉出來討論，前者將餐車視為試水溫，開設實體店面才是目標，後者則有計畫性地朝向連鎖經營、開放加盟發展，邀請過去的餐車創業者來分享自身第一手觀察。

行動餐車風潮

從簡陋到潮流，
移動式經濟改變城市風貌

文、整理＿黃敬翔　攝影＿曾信耀　圖片提供＿Funtasty有趣餐飲行銷

在重視「吃」的台灣，早期坊間便不乏樣式陽春、神出鬼沒的無名餐車到處販售著中式早餐、臭豆腐等庶民美食；夜市則集中著許多流動攤販，推著輪子穿梭於大街小巷。這股屬於台灣的「台式餐車文化」近 20 年來隨著海外多元、更千變萬化的餐車文化影響，一步步讓台灣的餐車文化迎來全新面貌，也成為許多創業者微型創業的首選。

擺脫「吃人頭路」的工作，自己當老闆是許多人的夢想。根據 104 人力銀行 2021 年分析 1.9 萬名求職會員、共計 2 萬筆創業經歷調查，高達 86% 屬於 5 人以下的微型創業，第一次創業平均 28 歲，其中最熱門的創業類別便是投入餐飲類。從統計數據來看，手搖飲、早餐、咖啡店、輕食、餐車等餐飲創業占 23% 最多，比餐廳餐館 17%、鞋類布類服飾品的批發／零售（店舖、網拍）12% 都來得多。顯而易見的是，門檻低、成本低的創業模式是年輕人傾向的創業氛圍，以行動餐車創業更佔有一定的份量。

金融風暴帶動行動餐車創業風氣

行動餐車究竟是甚麼？這得從仍是農業社會的台灣說起，早期由於交通不便，商店稀少，村民平時娛樂機會不多且消費能力低，所以就有人開始將餐點放在車上推著，往返穿梭村里販售各類商品，「移動式販賣」、「流動販賣」的概念就此產生。擅長書寫台灣庶民生活史的作家陳柔縉於《台灣幸福百事：你想不到的第一次》一書中指出，行動咖啡車最早出現於台中市，1931 年 6 月中旬的報章上刊出一張標題嘆道：「真是走在時代的尖端」、「台中驕傲的移動咖啡廳」的相片，說明 1930 年代台灣便出現了有車體的餐車，不再只是流動攤販。

台灣行動車創業發展協會（又稱胖卡協會）秘書長林成達分享，台灣近代約在 2005 年開始有造型車輛的創業，隨著 2008 年金融風暴帶起多元的創業風氣，愈來愈多人投入以車為主的行動餐車創業裡頭，使台灣行動餐車文化開始有規模地發展。所謂的行動餐車大致有幾種特質：可隨時移動，利用活動推車、腳踏車、摩托車或汽車來做生意；若是車子，內部會經過大幅改造，加裝料理檯等，能在車子內部製作飲料餐食；有低成本、風險低與回收速度快，且彈性高的優勢。

美式餐車、文創三輪車加入戰局

　　剛開始最為風行的行動餐車為「胖卡車」，由普通廂型車改裝福斯 T1 車頭，又稱為麵包車，因為日文的麵包發音為「胖」才得名胖卡。由於外觀非常可愛吸睛，早期相當受歡迎，連地方政府也支持，高雄市觀光局也曾舉辦過創意餐車大賽。在胖卡還在創業風潮上時，台灣開始有零星創業者開啟了另一條行動餐車創業形式，也就是在美國非常盛行的「美式餐車」，林成達也分享 2011 年協會成立後，隔年便與大陸合作規劃生產美式餐車。不過當時美式餐車因為造價比其他類型餐車貴上好幾倍，加上消費文化關係，並沒有一舉在台灣流行起來。

台灣美式餐車俱樂部的總部放著不少《五星主廚快餐車》的劇照，更凸顯這部電影的影響深遠。

攝影＿曾信耀

近年來興起的大大小小市集活動，為台灣行動餐車文化的推廣獻上助攻。

　　將台灣美式餐車文化推上高峰的關鍵，是 2014 年上映的美國電影《五星主廚快餐車》（Chef），講述一位主廚與美食評論家起衝突後，收拾家當返回家鄉邁阿密經營餐車，一路開到洛杉磯，並在沿途的各個城市販售古巴三明治的故事。台灣美式餐車俱樂部營運長詹姆斯更是受到這部電影啟發，才開始了自己的美式餐車創業之路，在台灣還沒有車廠能改裝美式餐車時，土法煉鋼研究車體改裝，日後更協助創業者進行美式餐車創業。同樣受到電影影響的創業著不在少數，例如 Lighthouse Food Truck 燈塔餐車創辦人康智皓也是其中之一。除了美式餐車迅速崛起外，三輪車這一古早味十足的餐車類型，也在近年迎來新生，注入創意的文創精神、頗具現代感的新型三輪車讓攤販文化翻轉，三輪車也成為許多年輕人熱門的創業選項之一。「以往餐車創業者認為有造型就可以了，但近年來開始出現各種形式的競爭……」林成達説，「想單純靠造型餐車創造消費者信賴很難，因此愈來愈多創業者開始在意品牌、特殊車輛外型、獨特商品。」台灣的餐車文化因此百花齊放。

法規限制重重，行動餐車文化下一步怎麼走？

　　不過，行動餐車在台灣其實受到許多法規限制，無論林成達或詹姆斯都認同，台灣行動餐車相關法規不完善、缺乏許多配套措施如經營地點、營業登記等，讓行動餐車發展綁手綁腳。雖然行動餐車是小額創業的最佳起點，但如何解決法規上的問題卻是一項考驗。

後疫情時代，餐車更顯優勢

台灣美式餐車俱樂部營運長

詹姆斯

People Data

現職／台灣美式餐車俱樂部營運長
經歷／土生土長的彰化人，曾從事汽車銷售、室內裝潢，現結合自己的業務與裝潢經驗，成立專業的美式餐車車體廠，無償輔導美式餐車創業者，一步步實現自己的創業夢，也是美式餐車「Jb大叔美式快餐車」的老闆。

營運心法

- 發展獨特性很重要，才能掌握自己的市場價值。
- 相較於流浪式經營，定點落腳與開發外燴服務更穩定。
- 餐車經營考驗應變能力，功課事先作好成功率才高。

走遍亞洲各地考察，台灣美式餐車俱樂部營運長詹姆斯認為，「台灣是全亞洲對餐車文化最不友善的一個地方！」礙於路邊經營就是違法，行動餐車團體或業者大多只能另闢蹊徑，在艱難的環境中開出一條生路。隨著新型冠狀病毒肺炎（COVID-19）重創全台餐飲生態，詹姆斯認為疫情反而凸顯餐車創業風險低、戶外經營且是外帶系統的特點，疫情期間自家美式餐車廠的訂單翻倍、詢問率也暴增 4 倍。

受好萊塢電影《五星主廚快餐車》影響而投入美式餐車經營的詹姆斯，是台灣最早發展美式餐車文化的先鋒，從零開始研究車體改裝，漸漸闖出一股美式餐車創業熱潮，也輔導超過 50 台美式餐車創業。「台灣針對餐車是沒有法規的，法條上也找不到，路邊經營只能比照攤販管理。餐車改裝合法，但路邊營業不合法，現在的窘境就是這樣。」詹姆斯說，為了突破窘境，避免天天吃罰單，餐車業者都另尋生路，如胖卡餐車多以承接活動為主，也有人乾脆租空地經營或轉戰比較偏遠的地方。

儘管如此，仍然有許多人持續投入行動餐車創業的行列，相對於餐廳，餐車沒有店租壓力，營運地點也能隨時調整、彈性高，創業成本也更低。「這些特質在疫情中，讓很多老闆感受很多。」詹姆斯預料，儘管防疫降級，但短期內許多創業者仍會擔心疫情捲土重來，「想開店的人可能會紛紛轉向餐車，先用餐車把自己的經營理念推廣給客人，累積知名度與客群後，等疫情真正穩定下來再轉成實體店面。」這不是空談，光是詹姆斯自己，這段期間來詢問美式餐車創業相關問題的人就暴增近 4 倍。

成本低、彈性高，讓創業者能多方嘗試

　　詹姆斯認為，美式餐車在後疫情時代是最佳的創業選擇之一，「因為是戶外，也都是外帶系統，能帶走就帶走，相對餐廳來得更安全、通風。」即使不能出車，也不像餐廳一樣有房租壓力、食材損耗、人事成本等問題，只是單純沒有收入而已。另外，相較於胖卡等其他餐車類型仍需要在地面上作業，美式餐車人員與廚房都在車廂內，屬於室內空間，在衛生安全上更有保障，也能讓消費者更安心。

　　他進一步舉例，店面與餐車最大的差別，是前者很吃裝潢與環境氛圍，但餐車如果一種餐點賣不好，其實只要把外觀貼紙更換或重新烤漆，裡頭的器材甚至不用換就可以開始販售其他類型的餐點，從泰式轉換到日式風格很簡單；此外，餐車也能主動出擊，在不同地點甚至跨縣市販售，實際了解各地差異，「也許發現在彰化賣得比北部好，就可以跑去彰化開店，有更多選擇。」詹姆斯說，甚至不做了，車子還能賣給下一個創業者，將虧損降到最低，創業者能多方嘗試，找出最理想的經營模式。不過他也提醒，餐車創業更考驗臨時應變能力，投入前功課要做足，才能提高成功率。

左／詹姆斯本身也是美式餐車「Jb 大叔美式快餐車」的老闆，他笑說 2015 年開始經營初期，問他車子哪做的比買食物的人還多，才慢慢走上輔導餐車創業之路。右／由於台灣餐車文化受限於法規，難以合法路邊經營，詹姆斯一直策畫在中南部尋找合適的地點發展餐車定點市集。2020 年 Viva Glamping 國際露營展上，詹姆斯與其他餐車經營者一同營造出相當具有國外氛圍的餐車區域，是他理想中，最適合台灣餐車發展的一條路。

上、下／詹姆斯認為，美式餐車可以運用的形式很廣，並不局限於餐車。2020 年，他曾實驗過一款 5D ／ VR 體感車，藉此探索美式餐車更多的運用可能性。

計畫效仿國外打造餐車市集

　　「整個亞洲，餐車做得最好的是馬來西亞。」詹姆斯分享，當地政府不僅有完善的配套措施，西馬北中南部有 11 個據點讓餐車能營業，並提供歌手、街頭表演、音樂、公共廁所等形成固定的餐車市集，還有專屬 APP。詹姆斯透露，正計畫將馬來西亞的餐車市集概念導入，「要找一個場域，而不是土地，運用場域的自然人流提供夥伴們合法的地點入駐。」目前，最有可能在彰化設立第一塊餐車場域，視疫情趨勢會再發展澎湖場域的可能性，趕在 2022 年花火節前完成，北中南部都有在尋找合適的場域中。

　　談到對美式餐車創業者的建議，詹姆斯表示行動餐車在美國就是一個街頭創意料理，要有一個獨特性的商品，作為特色包裝成自己的招牌，「我常常跟人說，全台灣只有你在賣，價格就由你定。如果賣跟別人一樣的東西，市場只會被均分掉。」考量台灣合法路邊經營尚難以成行，詹姆斯建議到處跑、做流浪式經營一段時間後，務必考慮是否轉型，在銷售地點好的區域租塊空地定點經營的可能性，進一步更可以考慮往精緻外燴，到府服務發展，收入才能更有保障。

餐車市集、快閃店中店避開法規牽制

開吧 **Let's Open** 餐飲創業
器速加共同創辦人

魏昭寧

People Data ───────

現職／開吧 Let's Open 餐飲創業器速
加共同創辦人
專長／提供開店前關於法規、產品研發
與規劃、財務分析、店面挑選、裝修裝
修、設備採買到開店經營知識的一條龍
開店服務。

營運心法 ───────

- 市集活動與店中店經營，能規
  避路邊經營不合法的問題。
- 預算規劃的良窳，是影響創業
  成敗的重要關鍵。
- 品牌塑造，不花錢的最該想
  清楚。

攤車、文創三輪車、餐車等可移動的微型餐飲商業空間，在台灣究竟有沒有發展潛能？台灣唯一餐飲創業平台，致力提供各種開店知識的開吧 Let's Open 餐飲創業加速器（以下簡稱開吧）共同創辦人魏昭寧（以下簡稱 James）認為，短時間內仍沒辦法爆炸性成長，因為過去不乏資源豐富的大型連鎖店家投入，「但至今沒有一個餐車的連鎖代表品牌，也沒有餐車界的霸主，一切礙於行動餐車法規太模糊、不完善。」

「餐車創業這件事，我一直都沒有很積極地去推。」雖然手上就正在輔導幾家餐車創業者，但 James 直言餐車受限於法規，經營上是有些難度跟挑戰的，尤其是路邊經營合法性的問題。2020 年台灣燈會，James 曾集結 20 個餐飲品牌，以定點式景觀餐車的形式打造餐車市集，「這些餐車沒有引擎，不是真的汽車，而是靠拖吊的方式移動。」他說原來計畫市集結束後，繼續在台中幾個景點做活動配合，不過受疫情影響，原先規劃只能擱置。然而，這套將餐車「裝潢＋生財器具」的概念模組化，一樣能快速開店、裝潢投資能全部帶走的移動店面，搭配市集、店中店經營，是 James 認為現階段能克服餐車路邊經營困境的唯一解方。

市集跟店中店駐點更能累積客群

餐車經營的一大痛點，是打游擊戰的模式較難以累積客群，更需要投注時間心力認真經營社群粉絲專頁，倘若碰上檢舉或違規取締，損失的不單是罰款，還包括好不容易在一個點累積起來的客人。「餐車市集是唯一解套的做法。」James 建議，餐車夥伴們應該要合作租一塊空地變成市集固定販售，對消費者而言，如果知道有固定的餐車市集是有吸引力的。

「行動餐車在台灣絕對做得起來！」James 舉例在台北市松菸、華山其實也常見整排的行動餐車，生意也很好，關鍵在於有沒有合法的場域讓業者發揮。他也指出，很多縣市規劃的夜市一直開開關關，沒辦法長期經營，「倒了再開、倒了再開……這些夜市沒有用新的方式經營，都是老派的思維、賣一樣的東西。我覺得如果想導入新的文化，就要用新的方式，交給年輕人來做。」一旦這些場域能形成固定、長期的餐車市集，也能延伸成觀光用途。

　　此外，James 認為店中店也是讓餐車能穩定經營的一種做法，業者先將單一餐點獨特化後，再主動尋求店前有塊空地的實體店家合作，以搭餐的形式搞快閃，既能達到「換粉效應」，也不會面對被驅趕的問題。「日本大阪等地方，很流行玩這種店中店，後面是小洋食，門口卻有攤車或餐車賣可樂餅，兩者短期聯名做咖哩肉餅，店中店的合租兼快閃玩法很有趣。」James 分享，開吧的餐廳「超級食場」前的空地，每週固定幾天會有餐車品牌前來駐點，是餐車業者都能考慮的穩定經營模式。

想創業？建議先從副業開始

　　James 表示，這波新型冠狀病毒肺炎（COVID-19）疫情會累積更多想創業的人不敢創業，雖然台灣行動餐車環境較嚴苛，但因為風險最低，仍預計會有人趁這段時間投入。他指出，許多餐車協會通常會建議比起正職，可以先從副業開始，購入二手車、加入協會團體，週末辛苦一點開著餐車跑活動測試經營模式、口味，試了一陣子後如果受歡迎，再來想辦法固定找點販售。

左頁、上／2020 台灣燈會在台中舉辦，開吧打造了 20 台定點式景觀餐車組成異國街車餐飲市集。這種將餐車概念模組化的做法能快速開店、也能將裝潢用拖車帶走，放置在店面、戶外等使用。下／開吧的餐廳「超級食場」前空地，定期會有「偷尼史達普 Tony's Startup」漢堡餐車駐點販售。James 鼓勵餐車業者們積極主動去洽詢這類快閃合作的可能，能規避法規的限制。

　　若想進入創業階段，他建議初期最重要的是資金的規劃，「創業成本回歸到你有多少錢，不要去想要準備多少，而是真的好好想想自己有多少預算，再做多少事，最怕的是你想做的事跟預算搭不起來。」James 說，餐車創業一般預算低，初期沒有做好功課，很可能不小心就把資金浪費掉，「NT.50 萬元少了 NT.5 萬元就少了 10%，這影響很大！」其中，他特別強調務必要搞清楚自己的錢花得有沒有價值，「假設現切薯條是主力商品，可能設備就要貴一點、流程上多花一點心思，也要多做比較。很多人一開始規劃時，不清楚 NT.1 萬 5 千元跟 NT.3 萬元的煎檯差在哪，不知道發電機一千瓦跟五千瓦買哪一台，只知道自己有多少預算，卻不知道價格等級差很多。」

　　先決定商品，再來把賺錢工具買好，最後才是造型。James 指出吸睛的餐車外觀設計只是加分，「造型、裝飾不是幫你賺錢的！如果預算不足，先有一個 LOGO 跟包材，你還是能出去賺錢。多花點時間搞清楚預算到底能不能辦到想做的事，多做功課，書沒有唸完就不要去考試，這個過程就是影響成敗的關鍵。」

參考前人走過的路，打造最適合自己的餐車

台灣行動車創業發展協會
秘書長

林成達

People Data

現職／台灣行動車創業發展協會秘書長
經歷／現任印象台灣飯店集團執行董
事、台灣行動車創業發展協會祕書長、
魔術小巴國際行銷有限公司執行長、
淡江大學企管系管理學／企業營運學講
師、醒吾科技大學國際商業系連鎖加盟
／創業與創新講師。

營運心法

- 找出最順暢的生產流程，才能在餐期內累積營業額度。
- 一台餐車一個專業，不要讓過多附餐限縮有限的空間。
- 食品衛生與安全上，要與攤販做出區隔。

「就算是最簡單的早餐店，空間都比車子來得大很多，餐車絕對不能五花八門，什麼都要。」台灣行動車創業發展協會（又稱胖卡協會）成立至今，改裝過近 4,000 台餐車、胖卡或美式餐車，秘書長林成達強調，無論是裝設電視、洗手檯、冷凍櫃甚至空調都能辦到，但餐車設計的核心仍要回歸最基本的問題：「你想賣什麼？而不是別人怎麼做，你就跟著做。」

　　2012 年申請成為社團法人的台灣行動車創業發展協會，在台耕耘餐車文化近 20 年，更歷經 10 年努力推動了相關車輛改裝法規，讓交通部先後在 2012 年以及 2019 年，有條件放寬廂式平頭小貨車改裝成胖卡車，包括車頭可裝飾與切除 C 柱以利作業的合法化。「協會成立時就希望將以車輛做商業行為的業者聚集在一起，不過由於胖卡特別受歡迎，我們改裝了許多台，大家因此將協會認定為胖卡協會。」林成達笑說，不過協會成立的自家「魔術小巴」車廠能做的不只是胖卡，各種形式的餐車或美式餐車都能改裝。

　　除了造型可愛的胖卡，能讓三台輪椅在車內旋轉作業的無障礙餐車、或堪稱餐車頂規，設有冰箱、爐具、洗手檯、電視與空調等功能，並容納 6 人作業的南僑公益行動餐車，都是協會一手打造。但無論設計再多元，林成達提醒餐車並不等同於廚房，一定要釐清自己的需求，思考如何在有限的空間內對應工作，才能讓餐車發揮出最大坪效。

用專業全方位輔導創業之路

　　想要行動餐車創業，首要決定的是賣什麼商品、決定生財器具，再來才是尋找合適的車型。林成達建議，改裝餐車還是要交給愈專業的團隊愈安心，「一些改裝車廠不會告訴你適不適合，你想要什麼就給你，結果才發現不是最好的。」他舉例，歐翼餐車空間大，但車廂門開放後，風會從四面八方灌入，如果使用瓦斯爐，火候可能就比較難控制。林成達進一步說，「我們改了很多台車，每一種餐點、環境會面對到問題都見過了，就能建議你用什麼是最合適的。」

不只告訴你適不適合，協會擔任推廣行動餐車文化的角色，同時也輔導創業，在前期的改車環節就能協助改善生產流程，找出最佳動線。林成達指出，制式化的公版未必適合所有人，依據個人的身高、習慣去設定爐具等器材高度，才能確保使用上最順手，同時協會車廠備有廚具讓創業者實際演練，量身打造最適合自己的動線，他強調「所有餐飲都要思考如何讓餐點生產流程最順暢，要每分每秒、每個順序去拆解最適合的流程，接著去調整餐檯動線。」

　　協會出產的餐車，從車體改裝到外觀設計都包辦，也有人會另外找設計師協助，但林成達不諱言大多會失敗，「台灣比較少專業的廚房設計師，室內設計師的提案可能好看但不實用，最終內裝還是會由我們做調整。」另外，也常見創業者忽略車子空間有限，既想有發電機、儲水槽等設備，又希望每趟外出都能攜帶 500 份餐點的食材與包裝，或想一台車子販賣多種食物，實務上根本辦不到，協會就會依經驗給予建議，讓創業計畫得以實現。

南僑集團的公益行動餐車由台灣行動車創業發展協會從頭打造，有著一體設計的電視牆、大空間的烹調區、冷氣、洗手檯、展示冰櫃等設備，除了供餐外，也可作為商品展示、廣告宣傳等用途，是一台多功能行動餐車。

新巨輪服務協會於 2019 年自行發起「新巨輪無礙餐車計畫」，與台灣行動車創業發展協會合作，從身心障礙者的需求出發，打造出全台第一輛無障礙行動餐車，能同時容納 3 台輪椅在車上作業。

美式餐車成年輕人創業新寵

綜觀近年趨勢，林成達觀察到美式餐車正在崛起，尤其深受年輕世代的喜愛，反觀胖卡餐車在台灣發展近 20 年，接受度逐漸下降。林成達說，早在 2014 年就與大陸長安汽車開始合作，原廠生產美式餐車，不過當時台灣市場還無法接受美式餐車的形式。近年來，隨著年輕人受歐美文化影響，對美式餐車好感度愈來愈高，的確正悄悄改變台灣的餐車文化，不過美式餐車未來發展性仍然備受考驗。

「對於年輕人而言，胖卡比較接近攤販，經營需要站在車外操作，而美式餐車是更接近餐廳的型態。」林成達分析，不過美式餐車門檻過高，一台車改裝起來可能超過百萬，且車子造型給人的印象過於強烈，比較適合單價高、有獨特性的特色餐點，連帶讓跑活動經營更具挑戰性，只有大型、消費力高的市集比較適合。但他透露，計畫推出一款小型的美式餐車，人員同樣能站在車上作業，但成本更低，造價與胖卡餐車（約 NT.30 ～ 80 萬元）差不多，希望能解決美式餐車的痛點，進一步推廣開來。「畢竟這還是一個比較好的餐飲操作空間。」林成達說道。

談到行動餐車在台的合法營運問題，林成達表示現階段車輛改裝都已過關，接下來需要解決的是能否開放餐車合法營業登記，再來是與政府研究在某些路段開放路邊合法經營場域的可能性，不過相關牽扯面太廣，仍需要時間去一步步實現，才能讓台灣行動餐車文化更全面地發展。

餐車設計與市集活動並行，創造極大效益

La Rue 文創設計執行長
洪健哲

People Data

現職／La Rue 文創設計執行長
專長／品牌溝通、創意發想、專案開發、專案管理。

營運心法

- 舉辦活動並提供舞台給餐車，創造與競業的差異。
- 在市集活動內置入 La Rue 文創設計的產品。
- 精準掌握目標受眾，滿足他們的需求與嚮往。

文＿＿陳頎如   資料暨圖片提供＿＿La Rue文創設計

La Rue 文創設計團隊平均年齡層落在 30 歲左右,是間相當年輕的新創公司。執行長洪健哲(以下簡稱 Eric)與品牌總監徐榆翔(以下簡稱 Louis)最初在思索團隊名稱時,想到他們所參與的任何事不外乎都與街道息息相關,不過 Street 這名詞在市場上已過度氾濫,而擅長外語的 Louis 靈機一動,唸出街道的法文 La Rue,後續更順勢作為品牌名稱,同時扣合品牌最初主要商品 Cargo Bike 三輪車來自歐洲這一點。

Eric 的原生家庭本來就在經營餐飲事業,Louis 與他起初想要開咖啡廳,退伍後共同學習咖啡與烘焙相關知識,但真正開始探究設備、裝潢、材料之後,才發現想得很容易,營運後該如何達到損益兩平,並在獲利之後擴張店面卻很難。

如果不以店面形式來呈現品牌識別、風格、產品內容,兩人想著或許有其他創業方式,除了胖卡之外,還有攤車、美式餐車等選項,但美式餐車的投入成本相對較高,不比開店便宜。他們蒐集資料後發掘北歐有種 Cargo Bike 三輪車原本是載貨用,後來延伸出上下班、載小孩、通勤等用途,甚至有人拿來作為販售咖啡、飲品等商業用途。於是開始調查台灣是否有相關業者在做三輪餐車的規劃,才發現雖然有人在做,但風格與外型並未達到他們心中期待的樣子。

三輪餐車不只要承載一個人的重量,還要加上營業設備、車廂改造、備品的重量。而這種移動式的三輪餐車又以餐飲居多,重量加一加就會輕易超過 150 公斤,如果用一般自行車的相關組件拼裝或改裝,不僅承載重量不足,還會導致輪胎爆胎、輪框變形,若改為電動式腳踏車,可能騎一、兩公里就沒電,甚至過熱故障,衍生出很多問題。

曾就讀機械工程科系的 Eric 從中了解後開始設法解決，深入研究腳踏車零組件的架構，以及增加承載重量，同時因為調查緣故，接觸大量業者與廠商。當年 Cargo Bike 三輪車在台灣的普及率不高，代理商除了引進販賣之外，關於售前的規格設定，與售後的維修服務知識量不足，許多被 Eric 與 Louis 幫助過的人紛紛建議他們創立從無到有的三輪車服務品牌。

引導業主思考餐車樣貌

Eric 與 Louis 商討後決定先投入 Cargo Bike 三輪車設計來測試市場水溫，當營運模式穩定，累積更多的作品與客群之後，再轉型為店面。研究設計、結構、車架到進口後改裝等事項，籌備半年後測試完第一批產品，才開始對外營業。

Eric 認為，餐車等於是餐廳內外場，在同一個載體上呈現，要如何將整體門面變成是品牌的特有形式相當重要。因此在設計餐車流程中，會請業主依據自身喜好顏色、材質、風格走向、品牌標誌，在網路上搜尋相關素材，看到喜歡的空間設計就收集下來，La Rue 文創設計再依據業主喜歡的元素重新組合，變成餐車樣式，以討論方式引導業主思考餐車的樣貌，像是做什麼樣的營業項目，尺寸、檯面配置會是如何，從拿食材到製作過程的旋轉半徑，畫在紙上給設計師看。Eric 笑著說，「不要的刪掉，要的留下來，把風格、顏色、材質綜合在一起，再搭配實用性質，就是整體的餐車風格。」

左／以一對一諮詢討論，化繁為簡針對需求做設計調整。餐車尺寸必須依照業主的身高、營業需求、營業場所，及習慣而定。右／餐車本身就是移動的藝術裝置，不需要再透過其他藝術裝置擾亂視覺。

La Rue 文創設計所舉辦的餐車市集活動。

將既有的服務價值延伸到活動

　　Eric 表示，「在市集還沒有這麼興盛的 2017 年，大家對於餐車或攤車的想法大約停留在夜市與路邊攤，但通常是以比較傳統、陽春、實用的方式來打造。」談到後面為什麼會出現活動規劃，他拋出提問，「為什麼全台夜市同質性那麼高？為什麼想在戶外有個餐飲聚點時只有夜市的選擇？為什麼無法像國外有更多元的選項？」

　　此外，他也發現 Cargo Bike 三輪車的能見度高、購買率低，若利用市集活動創造新的形態，既能解決市場多元性不足，又能解決餐飲市集沒有主題、沒有休息區、沒有娛樂……等問題之外，同時提供舞台給週末沒有地方去的餐車品牌。決定在開業 2 個月後，舉辦台灣第一場以三輪餐車為主題的市集，兩天共有五千多人參加，La Rue 文創設計的曝光量、社群互動量、訂單因此成長 10 倍以上，Eric 與 Louis 從中找到屬於他們的經營模式，不管在餐車或是活動的領域，不需要和大家做同樣的事，只要精準掌握目標受眾，滿足他們的需求即可。

　　La Rue 文創設計規劃在疫情結束後推出自有餐飲品牌，目前正開發籌備中。未來將透過活動數位化、自媒體經營、創業輔導平台，協助創業者在逐夢的路上走得更順遂，成為創業者的導師與助手。

多角化轉型，從行動攤車、三輪攤車拼出新藍海

左手企業有限公司負責人

謝秉珆

People Data

現職／左手企業有限公司負責人
經歷／前期深耕木造、鐵工領域，2012
年將公司全面升級，不只進行產品，另
也經營行動攤車、三輪攤車設計與規
劃。

營運心法

- 跨入到不同領域，讓傳統產業能走出新的路。
- 用技術讓細節更精緻，同時強化攤車的質感。
- 設計與實用兼具，讓創業者的夢想得以落實。

　文＿余佩樺　攝影＿曾信耀　資料提供＿左手企業有限公司

當外在環境快速變動，一家公司為求永續經營，多半會朝多角化策略來做發展，左手企業有限公司負責人謝秉珆在 2012 年意識到傳統產業轉型、多角化發展的必要，將先前在木造、鐵工領域累積多年的技術轉移，跨入經營製造行動攤車、三輪攤車的市場，技術不流失且拼出新的方向，更重要的是能為更多微型創業者一圓夢想。

在台灣很多傳統產業深受產業外移的衝擊，再加上給人辛勞、刻苦的印象，無法吸引年輕人投入接棒，早就面臨產業人才斷層的問題。畢業後就投入木造、鐵工領域的謝秉珆，很早就意識到這是日後必須面對的問題與挑戰，自己在成立公司後也面臨如此情況，便於 2012 年做出將公司全面升級的決定，「這些技術就是我的優勢，我嘗試從這個面向去移轉，接觸更多的領域，也把技術價值發揮到更大。」他說道。

這幾年行動餐車創業正夯，不少微型創業者相中其門檻低、免店租、自由又彈性的優勢，紛紛投入餐車創業，於是謝秉珆也開始思考，以自身技術回應市場設計需求的可能。當然餐車創業類型不少，最後他以攤車、三輪攤車做切入，他解釋，「仔細拆解攤車、三輪攤車後會發現到，它們其實就是一個店面工作檯的縮影，差別只是在於尺寸經過了濃縮，但相關該有的設備、機能其實都還是存在，於是我開始研究相關的設計所需，慢慢推敲出合宜的攤車、三輪攤車規劃。」逐步跨入市場後，品牌慢慢被看見，除了委託製作餐車（已有設計圖僅承接攤車施作）、客製化餐車（從設計到施作一手包辦），另也開發出加盟主攤車（承接攤車加盟商的委託製作）這塊市場，舉凡所長茶葉蛋、甘蔗媽媽、MixEgg 混蛋吐司、吳家紅茶冰等都是合作的品牌對象。

技術結合，創造市場差異化

市場經營攤車、三輪攤車的品牌也不少，如何創造差異化一直是謝秉珄在思考的部分。以定點式攤車為例，謝秉珄發覺到市場上多為木製車體，但熟悉木料的他，理解木作板材使用久了會產生軸承的間隙（俗稱 asobi）問題，於是他做了改良，以鐵件為骨架再利用木料去做包覆，耐用度相對較高。三輪攤車亦是，除了一般常見的三輪車，鄉下常見的農用運輸車也成為他的靈感源，他說，「它只是比一般三輪車大一點，只要微調後車斗部分，其實就可以做很多運用，也讓攤車形式多了一些選擇。」

規劃設計餐車時，除了考量預算，還會從銷售模式、目標客群、販售品項等，替業主做合宜的攤車挑選。他解釋，如果是在固定地點經營的，多半會建議以定點式攤車為主，若是常要跑市集活動、經營地點不固定者，則會建議傾向以三輪攤車為主。選擇以攤車創業，其本身就是一塊行動招牌，在設計上謝秉珄與自家的設計同仁也會盡可能在了解各品牌的核心後，用設計、造型、色彩做定調來加強品牌印象，抑或是運用一些元素、材質勾勒出品牌的 LOGO 或是代表圖案，讓攤車更添造型與個性。

這是為品牌業主「小壞蛋地瓜球」所設計的三輪電動攤車，利用色彩亮度帶出清新感，同時在內裝上有完整的規劃外，還配置了多個收納處，好滿足營業上放置物品的需求。

左／「吳家紅茶冰」在 2021 年做了攤車升級的決定，謝秉珏和同仁在歷經一次次的溝通後，重塑攤車設計也予人新的印象。
中／心韻茶飲品牌希望攤車能亮眼，除了以紅、金作為代表色外，也利用刻花圖騰點綴，滿足融入東方風的需求。右／位於高雄的「千明茶葉」推出以攤車店面類型作為營業模式的「紅本紅茶飲」品牌，外觀打造出金屬的設計，再透過紅色映襯 LOGO 字樣。
下／謝秉珏帶領公司與同仁讓傳統技術能做轉型與新的運用。

內裝規劃以實用、順手為導向

一台餐車肩負著經營、營收重擔，若使用工作台動線流暢，不僅讓人使用起來順手，連帶還能拉升營收數字。他談到，提出需求時最好能將販售商品的所需設備、製作程序、自己的烹調操作慣性，以及最後出餐方式等一併做思考，這樣所規劃出來的餐車就能更適合自己，從點餐到出餐才不會讓顧客等待。

以定點式攤車為例，面寬常見尺寸為 4 ～ 8 尺（120 ～ 240 公分）不等，以經營早午餐攤車來說，其基本設備至少需要一個面寬 100 公分的煎台，若還有其他程序（如備料、包裝、出餐），那所需的作業區面寬也要一併納入考量；倘若是承租騎樓來做經營，謝秉珏提醒，騎樓面寬也要留意，因為餐車過大容易擋到用路人出入，反而是一種困擾。攤車的高度也很重要，通常工作檯面高度會落在 85 ～ 90 公分，若要再納入一個煎檯（約 20 公分高），總完成面的高度就會落在 100 公分左右，如果使用者的身高為 150 ～ 160 公分，就很容易出現「吊手」情況，這時就需要將煎檯改以內嵌方式，或是調整成落地形式來應對。現在新生代的微型創業者有不少是與另一半共同經營，若其中一位身高較高、一位身高矮，那麼尺寸就會折衷處理，依身高較高者來設計，同時再加設踏板，身高較矮者使用上也不會是問題。

需要「面試」才訂得到的美式餐車

台灣美式餐車俱樂部營運長

詹姆斯

People Data

現職／台灣美式餐車俱樂部營運長
經歷／土生土長的彰化人，曾從事汽車銷售、室內裝潢，現結合自己的業務與裝潢經驗，成立專業的美式餐車車體廠，並免費輔導創業者，慢慢實現自己的創業夢，也是美式餐車「Jb 大叔美式快餐車」的老闆。

營運心法

- 美式餐車更講求獨特性，從餐點到車子彰顯自我風格。
- 儘量用瓦斯，避免電力出狀況，一天的收入可能就沒了。
- 事前營運計畫愈完整，愈能打造最適合的餐車。

　文＿黃敬翔　攝影＿曾信耀　資料暨圖片提供＿台灣美式餐車俱樂部

因照顧父親緣故，台灣美式餐車俱樂部營運長詹姆斯結束汽車銷售工作，回老家結合興趣賣吃的，受到胖卡餐車與電影《五星主廚快餐車》影響，在台灣還找不到專業師傅造一台美式餐車時，從零開始查資料、投入裝潢業工作存錢為未來鋪路，近 4 年後終於在 2015 年打造出屬於自己的第一台美式餐車。出發環島半年，詹姆斯發現問車子的人比買餐點的還多，隨後開啟提供美式餐車創業諮詢之路。

「看了電影，才發現餐車原來可以這麼大、這麼方便，我就想方設法在台灣搞一台，結果從南到北找遍了，沒有人會做。」回憶往事，詹姆斯分享到當時露營車、貨車都考慮過，但前者動輒百萬，後者車廂感覺沒辦法站人。他自己上網查改裝資料，再拿去給車廠估價，因資金不足才決定進裝潢業學設計，存夠錢再度投入夢想。上路後，詹姆斯嗅到美式餐車充滿商機，從沒想過要開車廠的他誤打誤撞，開始幫人接單、找合作師傅改裝，最終結合業務與室內裝潢經驗，成立自家專業車體廠。

詹姆斯說，第一年為了測試不同餐點在美式餐車上各自的需求、動線差異，花了 NT.300 多萬元買設備，最初做的 2、3 台餐車都是不合格的，哪裡不行就打掉重練。土法煉鋼摸索餐車改裝，他笑說自己是把以前業務「解決客戶疑難雜症」的精神拿出來，如今才敢胸脯打到吐血的保證，絕對能合法驗車。

如今，台灣美式餐車俱樂部與一家外部合作車廠，一年最多可以產出 20 台美式餐車，全都從底盤開始重新打造整體框架，車身結構穩定。「詹姆斯的美式餐車」在業界頗具盛名，甚至會有人冒用他的名義以高於市價的價格賣車，也有不是公司出廠卻回來找他做保固的。深究原因，某種程度上也許跟找詹姆斯改裝車門檻相對高有關，詹姆斯自己也說，「找我基本上都要談 3 次以上，是左撇子還是右撇子，要定點、路邊經營還是跑夜市，有沒

有餐車創業計畫表，坐下來談，才有辦法談到你要怎麼樣的車子。」猶如面試的過程，甚至有人車子跟錢都准備好了，詹姆斯還是請他回去，想想再來。

比車子更值錢的美式餐車車廂

「從我這邊出去的車子，創業成功率高達 9.5 成。」詹姆斯自豪地說，這歸功於前期大量的創業輔導，同樣身為創業者的他，會深入對方的角度思考，「也是希望你成功，才會跟你講這麼多。希望能一起把創業成功率提高，讓大家口耳相傳，開拓餐車的市場。」提供一條龍服務，從進門就開始談計畫、談細節，到後期餐車推廣、營運模式的建議甚至協助調整餐點，詹姆斯都是無償提供意見，只收餐車的改裝費用。

關鍵的美式餐車改裝，詹姆斯也不馬虎，每台車的後車廂都從骨架開始打造，並使用複合式材質達到輕量化以應對車子載重能力有限。考量經常需要在車子內長時間作業，車身鈑材都上隔熱漆，骨架與隔板間加入隔熱材質，全車進行 360 度防鏽處理。詹姆斯說，曾有銀行來做餐車鑑價，一般車廂改裝都不值錢，但自己的美式餐車後車廂反而更值錢，「因為我們的工法是車子已經開壞了，後面的車廂還可以分離到另一台車上繼續使用，通用性很高。」也因為載重經過仔細計算，驗車時，車上設備毋須搬上搬下便能通過。

台灣美式餐車俱樂部近期打造的創新玻璃櫥窗車，不只可以作為移動式網紅餐車經營，也很適合用於展示服飾、燈飾等，達到廣告宣傳的效益。

上／台灣美式餐車俱樂部出廠的餐車，每一台後車廂都從骨架開始打造，車子結構經過強化，行駛間更安全。下／美式餐車空間較大，發電機的部分可以做隱藏式收納，更顯美觀。

了解營運計畫才能打造最適合的

此外，之所以要事先了解創業者的烹調習慣或營運計畫，是因為每一個細節都會對應到車子的設計與內裝，動線該如何規劃、是否需要預留空間擺發電機或儲水槽、需要什麼廚具，高度又是多少最順手……逐一去製作適合作業的餐車。若有木作、清水模或其他設計，也能委由詹姆斯統包給外部專業設計師協助。

「製作餐車時，我都會跟創業者說三句話。」詹姆斯說，分別是能不洗就不洗、能用瓦斯就用瓦斯、能夠外帶就外帶，因為相較於餐廳，餐車就是會沒水、沒電、沒座位。他解釋，如果每炒一道菜都要洗鍋子，不僅工時增加，儲水槽也會佔空間，建議改用不沾鍋等減少洗滌的次數；儘量使用瓦斯除了避免發電機佔用空間且提高成本，也是擔心遇到故障，而燃氣設備故障率較低；除非是定點營業，能提供內用座位，否則儘量以外帶為主，也能減少外場人力需求。

圖片提供＿台灣美式餐車俱樂部

從車體材質與設計完整扣合品牌形象

城間小轆執行長

楊竣翔

People Data

現職／城間小轆執行長
專長／三輪餐車設計、品牌形象規劃。

營運心法

- 餐車設計融入品牌形象識別，
  強化大眾記憶點。
- 善用折疊桌板、後車廂擴充倉
  儲與料理空間。
- 創業日記、會員訂購制，創造
  粉絲互動與提高黏著度。

　文__許嘉芬　人物攝影__Peggy　資料暨圖片提供__城間小轆

餐車創業潮興起，如何在眾多市集或擺攤餐車當中脫穎而出？擅長創業輔導與客製餐車製作的城間小轍執行長楊竣翔提醒，車體設計應回歸食材、品牌想傳達的精神，譬如強調職人手作的文青感，或是精緻法式甜點路線的質感，都會影響材質選擇以及不同工法所呈現的設計樣貌，若能同步整合外帶包材、文宣品與 LOGO 等完整的形象規劃，便能凸顯餐車品牌、達到吸睛效果。

　　這幾年在市集蓬勃發展、餐飲受疫情波動的影響下，許多創業者選擇先投入成本較低的餐車、攤車模式做起小生意，除了食物好吃，不同風格與造型設計的餐車也成為吸睛亮點，吸引消費者拍照打卡。想從餐車微型創業開始，城間小轍執行長楊竣翔認為，餐車設計應融入品牌形象識別為首要，譬如訴求以法式料理結合的雞蛋糕，為了呼應精緻的法式口味，車體設計特別採用烤漆，訂製白色造型棚架壓印金色 LOGO，主車廂更有立體鑄鐵品牌字體與線板，呈現低調奢華的法式甜點美學。

材質差異、工種愈多，餐車製作成本相對提高

　　當然，風格造型也會與材質使用、製作費用息息相關。楊竣翔進一步解釋，就像住宅裝修一樣，餐車設計所運用到的工種愈多，相對費用也會提高，再加上車體空間有限，很多鐵件、帆布等細節的尺寸都是得客製化訂製，若還有增加抽屜、導圓角設計，都是讓製作成本增加的主要因素。從材質面來說，一般常見為木工貼皮（波音軟片）或是美耐板，價格較為平實，而且美耐板具備防水耐刮防焰特性，但若想進階提升質感，就得選擇烤漆或噴漆，另外更有耐用輕量的碳纖維材質，但缺點是價格高，對初創業者而言不見得適合。招牌設計部分，最便宜的做法是壓克力或卡典西德，想要質感好一點可選擇鑄鐵浮字。楊竣翔也提醒，三輪餐車基本材質多為木頭，為避免水氣

滲透木材，城間小輟的車體出貨之前皆會上一層保護漆，但建議若遇上下雨天出車，事後應立即擦乾，每隔一段時間也能補上保護漆保養，或是購買帆布車套，延長車體的使用壽命。

增設折疊桌板擴大操作檯面範圍

回歸到餐車車體的內部空間規劃，以腳踏車概念打造的三輪餐車，大致可分成前後車廂，前車廂包含主要操作空間和倉儲，檯面大約為 100×70 公分，底下的倉儲高度約 100 公分，適合收納備品或其他設備；往上的屋頂棚架通常可結合招牌識別、燈光設備或是展示櫃設計。後輪上的車廂，則是增加載貨空間，主要提供收納行動冰箱，讓食材獲得保鮮。除此之外，前後車廂中間，也就是騎乘區域部分，還能額外增設折疊桌板，擴大操作檯面的範圍，且中間騎乘區域更具備折疊設計構造，可將 250 公分長的餐車收成 L 型，方便進出貨梯。

至於操作動線的規劃，建議創業者先設想一遍點餐、結帳、取餐流程，再以自己習慣順手的方向安排設備擺放位置，城間小輟的餐車設計皆會提供 3D 模擬圖與創業者針對設備安裝、動線等做討論，同時可進行約三次的修改。楊竣翔補充說道，餐車畢竟空間有限，不論是製作或倉儲都難以提供不同品項，比較適合單一類型、多樣口味的餐點，另外在於加熱烹煮部分，則

三輪餐車前車廂側邊可增設折疊桌板，擴大餐車的操作空間。

左上／圓木嫩仙草餐車強調古法柴燒的仙草，因而選用與仙草相對應的黑色板材，配上柴燒所需木頭為呈現，車頂甚至融入壓花玻璃，一點一滴打造懷舊復古調性，讓人留下深刻印象。右上／蔬適小輾餐車主打販售蔬食料理，設計上選用淺色木紋與白色搭配，傳達品牌希望提供少油少鹽、純粹的烹調精神，車頂加入綠意植物點綴，呼應自然、天然的原料意象。左下／JOHNNY PAPA 手作蛋糕品牌餐車，為代代傳承的手工製作與祖傳秘方，為呈現懷舊精神，使用木頭材質，車廂以壓克力整合燈光與品牌識別，搭配鮮豔橘色調，傳達在復古中求新的品牌意象。右下／瑰蜜雞蛋糕餐車，是以法式甜點概念製作的雞蛋糕，因此在車體設計特別選用烤漆呈現白色精緻質感，搭配的 LOGO 字體則運用金色印製與鑄鐵浮字兩種形式，凸顯優雅高貴氛圍。

要視出車地點注意規範，如百貨、展覽館通常無法使用明火，必須選擇電子式爐具，若是戶外擺攤出車，則可選用瓦斯型爐具。電力來源也有分幾種方式，一種是發電機加汽油、亦有類似行動電源的發電設備。

完整品牌識別，強化記憶點

　　面對餐車創業的行銷操作，楊竣翔認為必須把餐車視為一間餐廳，從 LOGO 設計、品牌故事、產品形象照、菜單文宣設計、制服到外帶包材，都要有完整的品牌識別度規劃，才會讓大家留下深刻印象。另外，網路行銷可朝創業日記模式與大眾分享，例如尋找小農食材的過程、處理食材的方式，或是遇到哪些特別的客人等這類創業甘苦談，最主要還得公告餐車營業的時間地點，讓大家知道餐車品牌一直都在，同時也可以搭配會員制、訂購制模式培養粉絲，若是屬於烘焙類或是甜點類品項，推廣時亦可強調接受宅配預訂，往後就不再僅侷限餐車收入。

想做有識別度的連鎖素食早餐品牌

得來素蔬鎖連食創同共辦人

關登元

People Data

現職／得來素蔬鎖連食創同共辦人
經歷／7 年級生，學歷只有高職畢業，畢業後去當職業軍人存了人生第一桶金後 22 歲退伍後與好友從一台小餐車開始創業，透過創業不斷的學習，除了創立全台第一家素食早餐連鎖店之外，也建構素食原物料供應鏈與電商。著有《成功開店計畫書》（PCuSER 電腦人文化出版）。

營運心法

- 從消費者立場出發，觀察市場因應變化。
- 理念支持品牌價值，態度決定能走多遠。
- 有餘力時早一步佈局未來，做風險管理。

文__楊宜倩　資料暨圖片提供__得來素DELAISU

「接下來會發生什麼事？」身為老闆、創業者除了關心現況，更重要的是下一步要往哪裡走。現年30多歲但創立「得來素」已14年的關登元，最初憑藉一股趁年輕勇敢拼的熱情，不懂餐飲卻與好友投入素食早餐車創業，從實做中學經營一家店到一個品牌，建構產業鏈到生態圈，在台灣疫情嚴峻之時，自營電商已成熟穩健，業績非但未受這波疫情影響，更透過經銷店鋪讓更多消費者買得到。

關登元與好友一直有未來想要一起工作的念頭，兩人高職畢業後沒考大學，而是先後報名志願役軍人。2007年兩人22歲要從軍中退伍，便拾起過去想共事的念頭，打算一起創業。最初也不知道要賣什麼，但因關登元的父母吃素，自己從小學就開始接觸素食，有段時間也試著吃素，不過當兵期間不那麼方便吃，吃了一段時間還是沒有堅持成功，才發覺吃素的人外食相當不便。回想到這段經歷，兩人靈機一動覺得或許讓吃素更方便也是一種選擇，於是開始討論與規劃素食創業，但因為沒有餐飲與開店的經驗，幾經評估後覺得先從餐車試看看，不但初期投資成本較店面低，選點不對還可以移動。兩人向媽媽學做素食麵線、煎餃與素粽、豆漿，當年的兩個小男生也決定從那天開始吃素，體驗素食生活與素食者會碰到的狀況。

最初餐車選在台中慈濟醫院外面擺攤，想著這裡會有吃素的人往來，為了吸引路人注意，兩人一律對路過的人打招呼喊早，引起一些媽媽阿姨的注意，覺得兩個年輕人很有朝氣順便光顧，並非被所賣的商品吸引。一開始生意清淡，因為醫院內就有素食餐廳，特地出來吃的人，多半就是想吃別的；漸漸有了生意之後，就有別的攤車也來瓜分散了客人；有生意的時候影響到交通常被檢舉，警察就來關心。兩人討論後認為要重新思考客群與營業穩定性來選點，因此換到上班時間有人車潮的夜市用地租早上時段，做上班族早餐生意，也不用提心吊膽躲警察開單。那段時間過著早上出車賣早餐，收攤後回家磨豆漿、準備麵線等材料的生活，深刻感受到創業的不易，但仍存著開連鎖素食早餐店的夢想，兩人互相鼓勵一起討論想方法，一關一關的過。

讓吃素者更方便，非素食者更能接受

餐車大約經營了一年，生意有起有伏，有感於天氣不好出車不便生意也受影響，加上餐車能賣的品項有限難以提升營業額，便開始思考轉作店面經營，往最初的連鎖素食早餐店目標前進。兩人是台中潭子人，就地緣之便開始物色店面，從營業額回推負擔得起的店租，終於相中一個 7 坪小店，一個月租金 NT.9,000 元，並用很少的成本頂讓朋友店裡的吧檯、煎檯，招牌和簡單的油漆等裝潢自己來，就這樣轉到了店面開始經營。沒想到不到半年就遇到 2008 年金融海嘯，那時候的客人大部分是潭子加工區的上班族，金融海嘯帶來的裁員與無薪假讓生意直接腰斬，不過秉持窮則變、變則通的想法，人不來那就主動出擊，利用店面多做一些三明治，用機車擺攤推廣打游擊，又回到類餐車的形式。後來小蜜蜂機車策略慢慢奏效，在潭子地區被認識，店裡的生意也越來越好，就這樣慢慢把店做起來，並在台中開了第二間、第三間直營店。

當時還沒有差異化和做品牌的概念，只是單純覺得賣素食的店通常都有宗教元素，比較難吸引不是吃宗教素的客群，因為兩人原本也不是吃素，因此更能從非素食者的角度切入，希望做出讓沒有吃素的人能接受的產品與用餐氛圍，讓更多人能嘗試素食。

開始展店之後，陸續有人詢問能否加盟，但關登元認為當時連自己的店都顧不好了，開放加盟還言之過早，但也開始逐步建構未來加盟的系統，若

左／以 NT.37 萬元改裝發財車與添購煎檯發電機冰箱設備的草創時期。右／得來素新一代加盟店型，品牌識別加入得來素羅馬拼音 DELAISU。圖為彰化員林惠來店。

開發素食培根白醬義大利麵,增加西式餐點口味。

要擴大經營就不能再樣樣自己從頭做,必須要有好的食材供應商。面對到的第一個問題就是素食不像葷食已有多樣化成品或半成品原料,只好自己找供應商開發,開發出來的原物料也可供應其他店家,從開店又跨足上下游供應鏈的串接,也開始做電商,在網路賣食材、調理包等商品。

有餘力就再投資,寫未來的劇本

2013 年陸續開放加盟,過程中有成功也有失敗的案例,關登元分享在開放加盟的過程體悟到本性價值觀契合與利他的重要性,是兩個很重要的關鍵,價值觀相近才有互信的基礎,面對加盟主採取把話講在前面,互利合作的機制,這些加盟主是消費者了解品牌的接觸點,如果不顧想法理念只是一味擴大市佔率而降低品質,傷害的是辛苦建構的品牌價值。創立 14 年目前有 20 家店,展店步調雖相對較慢,但透過社群經營加上電商平台,來服務沒有門市的地區,顧客的消費資訊,還能作為展店、開放加盟的市場調查。

兩人目前分工是好友負責對內管理與產品研發,關登元則是負責對外經營,由於創業之路是邊做邊學,特別重視風險管理與下一步的策略,從觀察市場環境變化對應新商業模式的佈局,從展店、加盟,到零售、批發與電商平台經營,他們發現素食產銷資訊落差很大,食材供應商沒有察覺到市場的變化,工廠生產的產品已無法滿足消費者現在的需求。目前得來素的商品朝蔬食早午餐點開發,也有別於傳統素食的鐵板麵、咖哩飯、義大利麵、瑪芬堡等,透過加盟店與經銷店鋪提供在家自主的商品,最近也進軍台北市與布布蔬果園合作。在全球純素飲食風潮帶動,蔬食實體店與線上購物都還有發展空間,電商購物業績反而受疫情所惠成長,也將自己創業經營的歷程與心得寫成書籍出版,希望幫助想創業的人比他們當年更有方法的達成目標。

找到一群未被現有模式服務到的顧客

咖啡杯杯創辦人

徐國瑞

People Data

現職／咖啡杯杯創辦人

經歷／曾任職電子業與咖啡機外銷業務高階主管，離開職場決定創業後走訪日韓、大陸進行咖啡市場考察，並投入學習咖啡產業各面向知識，2016 年創立「咖啡杯杯」，定位為專注於咖啡品質之咖啡行動電商平台。

營運心法

- 抓住時代趨勢導入其他產業思維與方法創新。
- 應用數位與綠能科技創造咖啡產業生態圈。
- 串接服務與需求，建立以顧客為核心的平台。

過去餐飲業提供的服務不外乎到點內用、外帶或外送，這是店家在固定地點的情形，但若是「移動店面」會出現何種消費情境呢？過去小販沿街叫賣小吃攬客，現在能透過網路接單讓「店」去找客人，咖啡杯杯的創辦人徐國瑞將既有不同領域的商業模式與科技工具，應用在行動咖啡車經營，不是想取代傳統的咖啡館，而是想觸及一群以前沒辦法被服務到的客人。

店租與裝修成本是開一家實體店主要的進入門檻，決定店址後發覺客群判斷失準想更換地點，還要考慮已經投資的裝修成本的攤提，或想加入外送平台擴大服務範圍，除了抽成還要考慮餐點經過運送後到客人手中的狀態；可變換營業地點的餐車，一直以來受限於水電或外接發電機，也偏向定點式營業；而可以到處移動的貨車暫停路邊只能理貨或卸貨，實體店、攤販、物流各自的優勢能否整合為新的餐飲營業型態？

從不同領域經驗尋找創業機會

原本於科技電子業任職的徐國瑞，後來因工作需求接觸咖啡機外銷業務，當時國外已在發展觸控面板式的咖啡機，這又與電子業產生連結，引發他對咖啡產業的興趣，也思索從咖啡切入創業的可能性。離開職場後他先做了市場調研，逐一考察精品咖啡的產地、烘焙方式到日韓大陸與台灣的咖啡生態，考取咖啡品鑑師證照讓自己更加理解咖啡產業。

回歸到創業計畫，若是開店就回歸到店租、裝修成本的評估模式，他改從消費者的立場思考購買咖啡的情境。如果不能到店內用或外帶，傳統的咖啡外送，受限於運送距離及時間的因素，無法將極易受到溫度而影響品質的咖啡做高品質的遞送，若是團購咖啡杯數較多，通常做到最後一杯咖啡第一杯已經涼了，再透過運送到消費者手中，不時會有咖啡溢出的情況。他思考如何讓不方便出門的消費者喝到一杯高品質的咖啡，把咖啡館移動到消費者所在地，因而產生了「咖啡杯杯」線上接單後，咖啡職人開著行動咖啡車到點現煮，這也是咖啡市場還沒照顧到的一塊消費需求。

最初徐國瑞是用廂型車改裝為行動咖啡車，車內不僅備有咖啡機、蒸氣機等專業沖煮設備，更有即時連網接單的功能，這個不需外接發電機和水管的移動基地，將沖煮咖啡所需的用具全部隨車帶著跑，隨時到點服務顧客。2016年創立「咖啡杯杯」品牌，專注於行動咖啡車、咖啡機和咖啡吧三項業務，定位為按需（on-demand）服務平台，媒合消費者需求與咖啡烘焙職人。

執行過程發現問題層層突破

為了驗證商業模式實際可行，徐國瑞親自出車在第一線服務顧客，選在商辦聚集的內湖科學園區開始營業，漸漸培養出一群上班族熟客。不過，由於台灣對餐車營業的法規並不完善，半年內屢屢被警察驅離或開罰單，讓他下定決心要找出合法經營的模式，才能將事業長久的發展下去。初創時期一邊經營餐車一邊奔走立法機關，了解現行法規問題尋找突破點，最後找到三陽工業合作進口汽車底盤，並訂製量身打造的車廂和設計車廂內結構，每台車都有POS系統且有開立發票，讓二代車取得合法領牌上路的資格。車上設備使用鋰鐵電池技術做為車內高耗能設備（咖啡機、蒸氣機等）電力來源，不需外接燃油發電機，低汙染、低噪音同時提高機動性與產能；車上皆有連網設備，可線上下單、線下接單、開立發票、實時監控，延長了傳統行動咖啡車適合的營業時段，增加更多收益。

觀察到台灣消費者對茶的喜好，結合自己對於烘焙品質的堅持，菜單加入古法烘焙的鐵觀音奶茶，一度賣到斷貨，因此餐點研發以FastCasual為核心精神，重視食材品質與新鮮度、原味的烹調手法、出餐效率高，除了現做飲品也研發輕食如6吋披薩，開發瓶裝茶酒等商品。

左／出車星宇航空員工日活動。右／咖啡杯杯承接不少劇組拍攝包車或音樂祭、路跑活動。

左／和餐車一樣的吧檯設備與設計，也與企業品牌合作其他業態店家，圖為 LINE 總部的宏匯瑞光直營店。右／咖啡杯杯也提供到點現做或預訂輕食、桶裝咖啡等外燴服務。

打造行動餐車的餐飲生態圈

　　目前咖啡杯杯主要獲利來源，一為咖啡外帶與外送，二為咖啡浸萃包、桶裝咖啡及相關周邊商品的銷售，三為活動場支援。主要客群為頻繁使用數位產品、追求品味生活，對文化創意潮流、時尚商品有興趣的上班族，因此創立以來與汽車、航空、銀行、社群、共享空間等品牌合作活動或咖啡機駐點服務，也進駐 LINE 總部、與國家劇院合作聯盟店型；另外也參加如花蓮牛山有機音樂祭、路跑、市集等現場擺攤活動，承接 MV 或劇組拍攝駐點服務。

　　由於餐車要面對各種營業場合的突發狀況，在決定開放加盟之後設立總部同時對外營業，設計包含學科與術科的「杯杯大學」，在與餐車尺度與設備一致的吧檯進行餐點實作、待客服務等訓練。線上接單服務則思考如何融入消費者使用情境，著手開發自然語言結合 BeiBOT 揪團機器人點餐，有如與店員對話的點餐方式，以到點現做高品質遞送服務揪團、贈送咖啡需求。對於想加盟但不想親自營運或初期資金不足的情況，咖啡杯杯也提出「投營分流」的加盟機制，有資金的人出錢投資咖啡車，由加盟總部媒合找到想經營的人營運，而經營的人只需要支付餐車月租金即可經營一台總價值 200 萬的五星級咖啡車。總部也提供經營業務所需相關行銷、科技、設計、商品開發等服務的協助，讓經營者免除十八班武藝皆需精通的困境。打破傳統咖啡加盟以原物料或烘豆為核心的方式，而是建立起咖啡產業生態系，藉由智慧物流（行動咖啡車）的建置，完成到消費者端的最後一哩路。接下來盼以加盟模式來完成車隊的擴建，並串聯各地烘豆職人，提供消費者優質咖啡與便利服務。

Chapter 02

行動餐車創業營運計劃

大環境就業難，走創業之路更難。雖然有著成本低、回收快、高機動性的優點，但行動餐車卻也是個工時長、壓力大的產業。本章將行動餐車創業必須知道的每個環節，拆分為「心態」、「商品」、「預算」、「工具」、「地點」、「品牌」、「行銷」、「設計」、「應變」9 大計劃項目，每個環節細細拆解分析，讓創業者能一一照著做，全方位掌握行動餐車創業與營運細節。

專業諮詢＿ Funtasty 有趣餐飲行銷總經理謝維智、台灣美式餐車俱樂部營運長詹姆斯、台灣行動車創業發展協會（胖卡協會）秘書長林成達、開吧 Let's Open 餐飲創業加速器共同創辦人魏昭寧、La Rue 文創設計執行長洪健哲、左手企業有限公司負責人謝秉 、城間小輻 Dear City 執行長楊竣翔、達日好胖卡行銷負責人林宜德

資料參考＿《圖解吃喝小店攤設計》（麥浩斯）出版、《早午餐創業經營學》（麥浩斯）出版、《手搖飲開店經營學》（麥浩斯）出版

行動餐車創業 Step by Step

Project 01——心態計劃

Project 02——商品計劃

Project 03——預算計劃

Project 04——工具計劃

Project 05——地點計劃

Project 06——品牌計劃

Project 07——行銷計劃

Project 08——設計計劃

Project 09——應變計劃

Plus 行動餐車轉實體店的新挑戰

行動餐車創業 Step by Step

Step 1 確定自己真的想用行動餐車創業

📂 Project 01 **心態計劃** _____

創業開店，自己做老闆是許多人的夢想。無論是資金不足想微型創業，或想以行動餐車試試水溫，亦或是單純懷抱著餐車夢，正式投入前還請三思，因為行動餐車創業是機會，但這條路上仍然充滿無數挑戰。

Step 2 確立想要投入的餐飲類型、學習製作餐點

📂 Project 02 **商品計劃** _____

決定創業初衷後，再來要決定賣什麼料理，通常會從自己喜歡的食物開始思考，因為自己愛吃的東西，應該也比較會有熱情去鑽研學習，也想與人分享。如果對烹飪製作完全不懂也沒興趣，建議不要貿然投入餐飲。

Step 3 計算手頭上能拿出多少創業預算

📂 Project 03 **預算計劃** _____

行動餐車創業圖的是它成本較低，但具體來說帶要花哪些費用呢？這個問題回歸到你到底能拿出多少錢來進行創業，這會影響到後續如行動餐車載體的選擇、商品定價策略等規劃。

Step 4 拿捏商品適合的行動餐車類型、設備成本，與預算間的平衡

📂 Project 04 **工具計劃** _____

行動餐車創業雖然省去了裝潢、租金、人事等成本的支出，但隨著選擇車型的不同，成本差距仍頗為可觀。而選擇車型的原則在於商品是否適合，例如美式餐車造價相對昂貴，若拿來賣雞蛋糕，回本也會變得更加困難。

想以行動餐車微型創業首先碰上的問題是：第一步究竟應該怎麼開始？先決定行動餐車類型還是賣的餐點？本章節歸納開設行動餐車的七大流程，以 Step by Step 方式，幫助你迅速進入狀況，邁向創業之路。

Step 5 **確定品牌定位與發展方向，做創業計劃書**

📁 Project 05 **地點計劃**、06 **品牌計劃**、07 **行銷計劃**

在真的把錢花下去買車與設備前，腳踏實地的做創業計劃書能提升創業成功率。你的經營理念是什麼？所有工作、計劃都必須環繞這個核心，從此延伸出一個無形的品牌價值。再來思考細節：你要定點還是流動式經營？該如何行銷？細節考慮得愈清楚，對日後經營愈有幫助。

Step 6 **依照品牌風格、設備需求、動線等規劃製作餐車**

📁 Project 08 **設計計劃**

想好要賣什麼，也鑽研過製作流程，就會對所需要的設備、動線的規劃有所了解。有了品牌的概念，也能開始延伸對空間設計的概念。可以視自身預算、需求，決定要自行改裝或請專業廠商協助。許多專業廠商不乏曾以行動餐車創業過的前輩，建議抓住機會請教，看看自己的創業計劃書是否有所不足。

Step 7 **啟動行動餐車創業之路**

📁 Project 09 **應變計劃**

當行動餐車完成後，若為廂車或貨車改裝，須注意依法驗車後才能合法上路（詳見 P.72）。之後，只要放上器材、備好食材便能開始經營。不過，由於行動餐車在台灣法規並不完善，你可能會遭遇路邊經營被檢舉、開罰單（詳見 P.77）；也可能面臨商品銷售不佳、疫情等狀況……不要忘記要維持一顆臨機應變的心，靈活調整、及時修正。祝你創業之路一切順利！

GO

📁

Project 01

心態計劃

大部分想投入行動餐車創業的人，背後的動機不外乎是想先以成本低、風險也較低的方式做經營演練，測試自己的商品力、品牌力是否能在市場生存下去，並計劃幾年內轉為實體店面。不過，行動餐車創業最好先清楚了解，這一行其實遠比你想象中還來得辛苦。

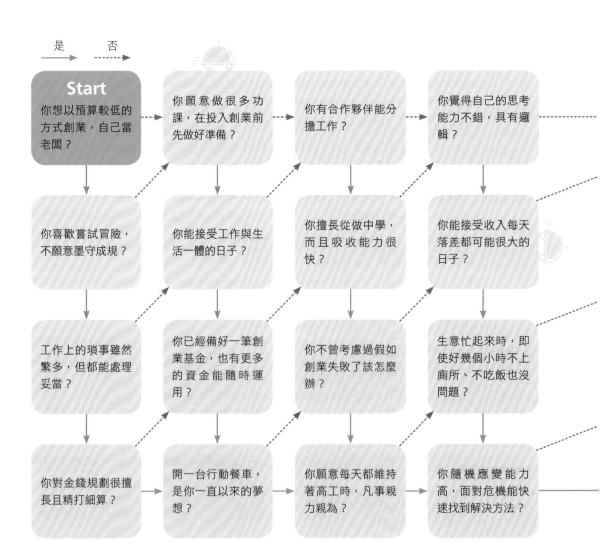

是 ——→　否 ┈┈┈▶

Start
你想以預算較低的方式創業，自己當老闆？

你願意做很多功課，在投入創業前先做好準備？

你有合作夥伴能分擔工作？

你覺得自己的思考能力不錯，具有邏輯？

你喜歡嘗試冒險，不願意墨守成規？

你能接受工作與生活一體的日子？

你擅長從做中學，而且吸收能力很快？

你能接受收入每天落差都可能很大的日子？

工作上的瑣事雖然繁多，但都能處理妥當？

你已經備好一筆創業基金，也有更多的資金能隨時運用？

你不曾考慮過假如創業失敗了該怎麼辦？

生意忙起來時，即使好幾個小時不上廁所、不吃飯也沒問題？

你對金錢規劃很擅長且精打細算？

開一台行動餐車，是你一直以來的夢想？

你願意每天都維持著高工時，凡事親力親為？

你隨機應變能力高，面對危機能快速找到解決方法？

行動餐車創業潛力分析

　　行動餐車創業，考驗的是是否有堅持不懈的毅力。不妨透過以下測試，看看自己是否有行動餐車創業的潛力。

Type 1

行動餐車創業潛力 20%

雖然有創業的想法，但中途面臨的困難可能會讓你躊躇不前，建議還是多方考慮自身的性格和資金是否適合行動餐車創業。

Type 2

行動餐車創業潛力 50%

對餐車創業有點想法，但還需要經驗的輔助來落實。不妨再多收集資料，參考別人的經驗，了解可能遇到哪些困難，才能準確評估自己是否適合行動餐車創業。

Type 3

行動餐車創業潛力 80%

已經跨越行動餐車創業的門檻了，可以面對 80% 的難關，但建議需事前想過可能發生的問題，做足準備才不會被困難擊倒。

Type 4

行動餐車創業潛力 100%

恭喜你！你能夠正面面對挑戰，雖然行動餐車創業與營運過程充滿各自難題，但大多數問題到你手上都能迎刃而解。祝你創業順利！

對於餐車要在哪裡經營，你已經有初步的想法與地點？　→　Type 1

已經想好要賣什麼，而且是獨特性高的料理？　→　Type 2

身邊認識許多行動餐車的朋友或前輩，能提供意見？　→　Type 3

你面對違規檢舉、無法維持舊客群，也能愈挫愈勇？　→　Type 4

圖片提供＿Funtasty 有趣餐飲行銷

Funtasty 有趣餐飲行銷總經理謝維智分享，「Devil&Angel 惡魔天使餐車」老闆阿政總是一個人單打獨鬥，常戲稱他是不用上廁所的男人，因為忙起來時好幾個小時都沒空上廁所，可見餐車經營的辛苦。

行動餐車創業適合創業金低且可吃苦耐勞的人

行動餐車相對於餐廳，勞力上更加辛苦，大多創業者都是一人團隊或親友、情侶或夫妻兩人一同經營，從食材的採購、備料、尋找販售地點、擺攤準備、做生意、收拾清潔、行銷、上下貨等都要親力親為，且工作環境嚴苛，多在大太陽底下或郊外蚊蟲多的地方，還要面對不穩定天氣變化與法規的影響。然而，行動餐車創業成本較少，也沒有餐廳裝潢無法帶著跑、只能被動等待客人上門的缺點，尤其適合創業金有限的創業者測試營運計劃或特色料理使用，一般上若退出不做，改裝車也能高價販售，降低虧損。

「獲利」才是主要目標，滿足消費需求最重要

專於企業策略與商業模式、連鎖產業經營輔導的宜蘭大學應用經濟與管理學系副教授官志亮，曾在《手搖飲開店經營學》一書中提及，開店創業無論是要成立自己的品牌，還是圓一個當老闆的夢，「獲利」仍是主要目標，因為獲利才能達到永續經營的目標。創業時記得「自我」放後頭，「滿足消費需求」擺前頭，商品獲消費者接受認同了，進而消費賺取營收，店才有獲利的可能，否則沒了獲利一切都會變成壓力。

行動餐車創業常見的失敗原因

面對理想與現實之間的差距，每年都有大大小小的行動餐車品牌消失，深究原因大致上可以歸納出以下 2 大主因：

1. **錯估自己的創業熱情。** 開店前一定要想清楚，並詢問自己的動機為何？同時也要做好謹慎評估再決定是否投入創業。千萬別只看到當老闆光鮮亮麗的一面，開店後排山倒海而來的問題，再再考驗自身能力。建議在創業念頭時，持續幾個月詢問自己為何想創業、有多想做這件事……若開店動力隨著時間過去愈來愈強烈，且沒有擔心過失敗了該怎麼辦，那就放手去做吧！

2. **誤以為行動餐車創業風險低＝必定能成功。** 行動餐車創業風險低，僅只是相對而言，實際上仍然會面對各式各樣的挑戰，與所有形式的創業一樣不容小覷。投入餐車創業前，一定要製作詳細的創業企劃書以及資金計劃，仔細構想每個環節以及可能出現的危機，事前做好應對，並立下開業多久後達到損益平衡、何時開始獲利等目標，讓目標作為前進動力，有計劃性地進入市場，才能一步步地朝向理想的藍圖進行。

TIPS

Check list：

1. 初衷是什麼：＿＿＿＿＿＿＿＿＿＿＿＿＿＿＿＿＿＿

2. 有多想做這件事：＿＿＿＿＿＿＿＿＿＿＿＿＿＿＿

3. 賣什麼：＿＿＿＿＿＿＿＿＿＿＿＿＿＿＿＿＿＿＿＿

4. 店長什麼樣子：＿＿＿＿＿＿＿＿＿＿＿＿＿＿＿＿

5. 創業目的：＿＿＿＿＿＿＿＿＿＿＿＿＿＿＿＿＿＿

6. 資金或能力不足的部分如何補齊：＿＿＿＿＿＿＿

在萌生創業的念頭起，請持續三個月每天問自己這幾個問題，並將它記錄下來。三個月後，若你的答案愈來愈明確，想開店的動力隨時間過去愈來愈強烈，且沒擔心考慮過失敗了怎麼辦，那麼就依隨你心，放膽著手下一步。

Project 02

商品計劃

台灣人愛吃、懂吃，餐飲業的競爭極其激烈，面對這樣的市場，經營的商品將成為能否受歡迎的關鍵。行動餐車創業，決定要賣什麼，遠比決定用哪一種車型更為重要！這是因為經營的商品，會牽涉到車體的選擇、成本的高低、品牌的定位、經營地點的考量……等。

解決需求還是特色餐食影響經營型態

　　會想投入餐飲創業，可能本身是料理出身的職人，或是看到市場趨勢。觀察目前的行動餐車經營，銷售的商品分為兩大類型，分別是「解決日常飲食需求類」與「特色餐食類」，類型的選擇對經營模式、販售地點與工具皆會產生影響，但沒有高低之分。解決需求類的商品門檻較低，市面上較為常見，單價自然不會太高，營運上較適合跑企業園遊會等活動，或學校、商辦、夜市等區域。反觀特色餐食講求業者個人廚藝或創意，可以是異國美食或較為少見的配方、混搭風格，定價能夠抬高，但相對在園遊會等以供餐為需求的活動上發展受限。

緊抓市場缺口，好吃也要找到賣點

　　如果以常見的市售商品作為行動餐車的切入點，就會產生比較性質，消費者有了多重的選擇，相對獨特性也慢慢變得薄弱。商品是與其他品牌抗衡的最佳武器，最好能建立具特色的商品，若這個特色能建立進入門檻，令他

行動餐車的餐點選項建議不要太多，就像「Lighthouse Food Truck 燈塔餐車」只販售 3 種口味的古巴三明治。

攝影＿Amily

人無法難以模仿，也能奠定品牌的市場地位。以美式餐車為例，因美式特色強烈，許多漢堡業者會選擇以美式餐車為載體，但如果人人都賣漢堡卻沒有個人特色，只會被埋沒。同樣是漢堡，「Stay Gold 初心環島餐車」以餐車界少見口感嚼勁出色的漢堡麵包做出區隔、「附近漢堡」主打剝皮辣椒莎莎醬到手打牛肉等食材都親手製作、「SKRABUR 黑膠漢堡」則將黑膠唱片靈感融入漢堡中，成功在市場中做出差異性，也確立品牌定位。

品項不要太多，解決備料、食材存放問題

　　無論是何種形式的餐車，空間始終不比餐廳來得寬敞，除非是定點經營，否則儲藏空間受限於餐車大小。全台最大餐飲市集品牌「有趣市集」主辦方 Funtasty 有趣餐飲行銷總經理謝維智建議，參與市集的餐車夥伴餐點品項不要太多，最好集中在 1 ～ 3 樣主力商品，如此一來食材的備料與空間佔用較小，動線也更充足。台灣行動車創業發展協會則強調餐車不能包山包海，若想搭餐賣飲料，選擇 1 ～ 2 種簡單帶到現場就好，原則上要以「一車一專業」為主。此外，商品選擇品項不多，也是為了方便事前備料、作業及食材的存放，而品項少也能給人專精、專業的感覺。

食材成本直接影響利潤與定價

　　以「解決日常飲食需求類」來說，常見的餐點通常是薄利多銷的小吃，價格自然不能太高。若想跳脫，往「特色餐食類」邁進，勢必要就既有口味做開發，或是使用特殊食材、料理方式，雖然會增加食材成本，但打造出屬於自己的拳頭商品後也比較能提升定價。不過，台灣美式餐車俱樂部營運長詹姆斯提醒，利潤來自於成本，常常看到有些業者標榜使用「新鮮」、「高檔」食材，但相對地一定會反應在商品成本與利潤上，許多創業者最容易忽略食材的浪費，假如一台餐車商品多樣化，食材也會跟著多樣化，常常發生低利潤商品賣完了但高成本商品賣不出去的情況。「假設你今天賣了 60 個利潤 NT.50 元的漢堡，但同時剩下了 20 個成本 NT.100 元的漢堡，你覺得你今天賺錢了嗎？」詹姆斯說道。

用限時、限量測試新商品的市場反應

　　對行動餐車而言，因為是自己做老闆，在調整菜單上擁有完全自主權，很適合以限時、限量的形式測試新商品、新口味的市場反應，看看是否受消費者的歡迎，再透過反饋改良商品或重新規劃；若產品受到喜愛，則進一步設為常設商品。同理，特殊或高檔食材入菜時，也可以限量販售，如此一來若銷售不佳，也能降低食材浪費的發生。

第二方案以備不時之需

　　詹姆斯表示，行動餐車創業考驗臨機應變能力，若事前規劃愈完整，面對突如其來的問題也比較能應對，其中一個會鼓勵創業者思考的問題便是「如果賣不好，是不是要有第二個配套呢？」餐車面對的限制很多，營業額起不來有時與餐點好不好吃也沒直接關聯，以「The Oasis 綠洲」為例，初期以墨西哥飯捲為主，卻受到銷售餐期、車體環境備餐份數受限，營業額無法往上衝，後來考量現有設備後再以熱狗堡重新出發，也說明預備備案的重要性。

配合不同季節、節日推出季節限定商品，也能刺激銷量。如「咖啡杯杯」夏季推出的冰飲荔夏咖啡深受顧客喜愛。

📁

Project 03

預算計劃

許多行動餐車創業者投入這一行，多半都是將積蓄或是生活準備金用做改裝車體或營運，而這些資金的的投入經常會造成創業者生活周轉上的困難，帶來壓力、甚至產生矛盾情結。無論哪一種行動餐車，都有屬於自己的資金結構，唯有做好功課，妥善運用每一筆支出，後續才有把握能成功回收獲利。

有多少錢做多少事

　　行動餐車類型多元，NT.20 萬元足以承擔攤車或三輪車的訂製以及基本生財器具的費用。不過，如果想使用空間更大、機動性更高的餐車，光是車子的要價與改裝費用就遠遠超過 NT.20 萬元。開吧 Let's Open 餐飲創業加速器共同創辦人魏昭寧提醒，創業前務必好好計算自己到底能拿出多少錢，再依預算的高低踏實地計畫，有多少錢做多少事，成功率才比較高。

一台行動餐車的資金結構

　　行動餐車創業要花哪些費用呢？

1. **固定成本，包括車體改裝、設備與器具費用、定點經營的場租。**首當其衝要拿出的第一筆就是車體本身的費用以及改裝費。一台餐車加外觀與車內部裝潢的改裝預算，通常介於店面與攤販之間，而人員能站立在車廂內廚房進行作業的美式餐車若使用露營車改裝，費用一般會超過店面的標準。大部分創業者會選擇購入二手車做改裝，能一定程度降低成本；另外，改裝費與改裝幅度、難度成正比，若想降低這部分的開銷，可以選擇比較陽春的設計。其他的固定成本包括廚具設備、外帶包裝等，先洽詢設備與包裝廠商詢問，並依據菜單與出餐速度規劃，品項愈多元，相對應設備可能也要更多樣；而廚具也有單價落差高的不同選項。另外，雖然行動餐車比較沒有租金需求，但如果經營上仍會有定點需求，通常也會有租金費用的產生。

2. 浮動成本，包括食材、雜支如水電瓦斯、廣告費、油錢等。這些費用會依照市場狀況或經營策略的不同而每個月更動，一般建議物料成本不要超過總營收的 30%。不過面對原物料飛漲的現在，要守住這樣的佔比並不容易，也非絕對，創業者還是可以找出自己的成本管控佔比，盡可能做到不出現失控狀況，造成虧損。

預備金準備別忽略，至少準備半年以上

　　創業相關的費用準備最好按自己的營業計畫、財務預算進行分配，特別是預備金這塊，一定要有所準備。尤其行動餐車剛開始多少要花一些時間養客，營運中也可能隨時面對檢舉被驅離，而失去好不容易建立起來的客群的窘境，得有足備的後援撐過這些時間。雖然行動餐車多是創業者或身邊親人小團隊作業，不出車大不了自己沒收入而已，但還是建議要備妥 6 個月～ 1 年的預備金，避免日後可能因為車體壞掉要維修、無法出車等狀況導致資金周轉出現調度困難。

TIPS　　**改車時委託車廠同步代買更划算**

　　台灣行動車創業發展協會（又稱胖卡協會）秘書長林成達分享，改裝餐車的時候，一些改裝車廠同步也能提供代買廚具設備的服務。像是胖卡協會本身就有提供代買服務，可以依照需求直接找廠商購買，有所謂的經銷價，通常會比市價來得便宜一些。

📁

Project 04

工具計劃

行動餐車最大的魅力之一,在於創業者不太需要考慮店租、人力分配等問題,投入的成本大多集中在生財工具的投資上,包括行動餐車的改裝與設計、生產器具等鍋碗瓢盆、外帶包裝,甚至是發電機等等,工具計劃因此變得更為關鍵。

先選成本較低的創業,日後再依情況更換也不遲

如今,市面上常見的行動餐車類型,依照成本由低到高大致可歸納為攤車、三輪車、餐車、胖卡、美式餐車5大類型,其中三輪車多以腳踏車改造,也有兩輪的形式;餐車與胖卡則以小型貨車或廂型車改造,相較攤車與三輪車有更好的承載量、販售模式也更為多元;美式餐車則以貨車或露營車改裝,最大的特色莫過於廚房與人員都能在車上作業。林成達建議,創業者可以先從創業成本較低的車型先開始經營,隨著習慣餐車經營的生活節奏、收入增加、品牌漸漸做出知名度後,可以考慮進一步往上遞進,例如從胖卡換成美式餐車。像是「ONE-R章魚燒」過去便是從路邊攤換成三輪餐車,爭取到更多地方販售。

5大車型各有優缺點,「最適合」比「最想要」更重要

林成達指出5大類型中,美式餐車是最接近餐廳的餐飲操作空間,按理來說應該也會是行動餐車創業的最佳首選,但它擁有創業成本高、經營模式受限等痛點。他強調挑選車型時,商品是否適合、預算能否承擔,比起自己「最想要」更為重要。如果堅持以美式餐車為主,商品的特殊性、定價等就要隨之調整成最適合的樣貌。

接下來,將為各位介紹行動餐車5大類型的差異、優缺點、速配餐點與成本等,讓你能依照自己手頭上的預算找到速配餐車!

圖片提供_逢日好胖卡

圖片提供_Funtasty有趣餐飲行銷

左/胖卡一詞取自日文的麵包發音「パン(Pun)」和英文的「Car車子」,取其諧音「胖卡Puncar」而來。胖卡餐車在台灣擁有與其他行動餐車不同的經營形態。右/美式餐車最大的特色是人員與廚房都在車上,但要價較高。

攤車

價格最低、定點經營的最佳選擇

攤車是美食小吃的核心舞台，沒有一個固定店面的後勤空間，所有夾縫都藏滿各種機能，但為求更俐落與美觀，必須回歸設計的基本原則「整理術」，將機能統整並適度美化至關緊要，並將不需要被看見的東西（如照明、電線、插座）一一收拾乾淨。收納到處藏有設計巧思的攤車裡，台面下更能暗藏冷凍功能和抽屜小櫃以保存食材鮮度並方便補料。攤車大致分為一般攤車與可收式便攜攤車，後者具有可折疊或自行簡易拆裝的特色，運輸上會更加方便。

○ 速配餐點

各種冷、熱小吃，涼水冰品等都適合，常見的餐點包括雞蛋糕、甜品、咖啡茶飲或飯糰等小吃。

○ 製作價位

以尺計價，如有特殊造型另計。公版款式攤車價格介於 NT.2 ～ 15 萬元不等。

○ 適用材質

木作、不鏽鋼或者混合使用都常見，如有明火烹調要注意防火耐熱。全不鏽鋼材質會導熱，需做隔熱設計。

○ 誰可以做

可找專業木工、鐵工或自己動手做。也有專門製作攤車的廠商，通常討論設計後會出圖面（透視圖、3D）確認。也有現成品及二手品販售。客製化一般要花上 30 ～ 40 天的時間。

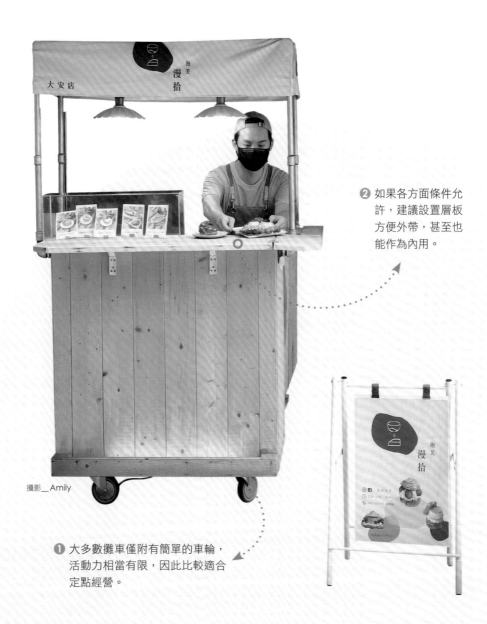

❷ 如果各方面條件允許，建議設置層板方便外帶，甚至也能作為內用。

攝影__Amily

❶ 大多數攤車僅附有簡單的車輪，活動力相當有限，因此比較適合定點經營。

三輪車

設計多元唯前後需平衡

　　踩著精心設計的文創風格三輪車，與路上客人不期而遇的交流，這樣的悠閒浪漫是美好的想像，實際上載著餐車跑相當考驗體力。三輪餐車比攤車更靈活、能行駛較遠的距離販售，目前市面上能找到後置式、前置式或兩者兼具的類型，前後輪的配置、攤子的擺放位置都有所不同。一般上，將攤子放在車後的設計比較好控制方向，但要留意前後的平衡，若後方攤車過重，騎起來不但費力，也不好控制。而攤子放在前面，則要注意高度不能阻擋騎乘時的視線，造型上需考慮不妨礙龍頭轉向的活動，若只是取其造型會另以貨車運輸。此外，同樣以腳踏車改造的餐車還有兩輪的形式，但尺寸受限、能代著販售的商品數量也更少。三輪車也有電動車款式可供選擇。

○ 速配餐點

烹調完成的料理或製作過程單純的飲品、小吃，如手沖咖啡、常溫甜品、雞蛋糕、紅豆餅等。

○ 製作價位

費用包含三輪車和攤子的費用，標準款售價從 NT.4 萬元起，電動改裝依等級要再加收 NT.2 ～ 5 萬元不等。

○ 誰可以做

○ 適用材質

後置式通常車架是鐵上漆或不鏽鋼，再根據營業項目及想呈現的風格決定攤子的材質；前置式攤子的材質最好輕量化，常見夾板、鋁合金等，可運用箱、盒的概念規劃。

通常是找專門的攤車製造商或進口商，有規格品，也可客製化訂做。如果有把握，還是可以 DIY，唯需注意加上車前攤子之後龍頭操控的安全性、剎車時的穩定度、重量平衡等，避免移動時發生危險。客製化一般要花上 30 ～ 40 天的時間。

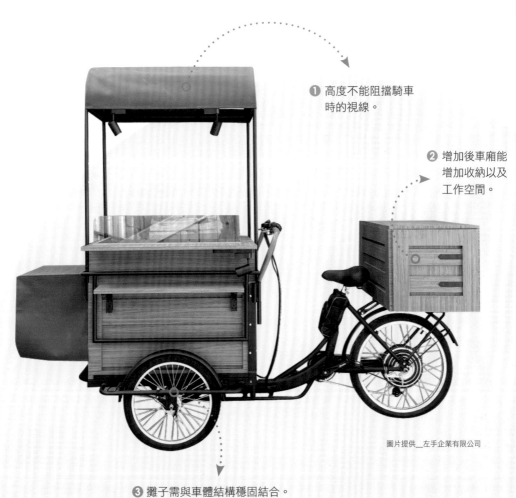

❶ 高度不能阻擋騎車
時的視線。

❷ 增加後車廂能
增加收納以及
工作空間。

圖片提供＿左手企業有限公司

❸ 攤子需與車體結構穩固結合。

Type 3

餐車

若想環島，由篷式或箱式貨車改裝的餐車，能達到真正的環島需求，是預算與實用度平衡性最佳的選擇，一般結構改裝程度最小，空間較胖卡餐車更能靈活運用，適合大部分料理需求。不過若跟美式餐車比較，這類型餐車都要落地作業，食材設備可能需要搬上搬下，營業前的前置工作與後續清潔更花時間。以高機動性來説，餐車確實是一個很好的試金石，有機會面對不同地區族群的客人，了解他們對產品的反應和接受度，因此受到許多創業者的青睞。

○ 速配餐點

空間較大且有便於移動優勢，各種餐點都可做，三明治漢堡、甜點咖啡、冰淇淋、冷飲冰品、窯烤披薩、中式小吃皆宜。

○ 製作價位

餐車車體加改裝費一般在 NT.30 ～ 80 萬元間，根據設備、規劃、開門方式為歐翼、側拉、側面對開型式而不同，若有特殊設計及設備等還要另計。

○ 誰可以做

○ 適用材質

車款常見用廂型車與小貨車改裝。小貨車分為帆布型、歐翼型，箱型車有校車型、雙側掀型等，要開上路需符合台灣對改裝車的法規。

可找專門在做餐車的合法車體廠改裝，流程是請專門改裝餐車廠根據需求設計草圖，彼此再根據設計草圖討論，是否能滿足需求，若能修正，在設計階段就應提出意見及想法要求廠商重新修正，以免日後完工點交時才發現改裝後的餐車不符使用。視改裝幅度，餐車大約會花上 1 ～ 2 個月才能改裝完成。

❶ 車廂空間可依規劃做為
收納區、料理區、點餐
收銀區等運用。

攝影＿Amily

❷ 料理區若使用明火，需注意火源
與設備和油箱油管的距離以及是
否妥善隔開。

❸ 配合用電需求，可以使用發電機
提供電力來源。

胖卡餐車

以團體戰為主的經營型態

　　胖卡餐車原可以歸類在餐車當中，但由於台灣的胖卡目前多以承接全台餐車活動、公司家庭日、校慶園遊會、劇組拍攝、政府機關活動等為主，路邊經營模式非常罕見，因此特地拉出討論其經營型態。若想加入胖卡協會或團體，造型討喜廣受歡迎的胖卡車最為保險，其車型較能應對各式活動場合，比較不會有大小、高度的限制，不像美式餐車一些活動場地無法進入。商品方面，則要對應供餐需求為主，其承載量適中，可裝設烹飪器具亦可直接販售成品，販售模式多元。

○ 速配餐點

各種冷、熱小吃，涼水冰品等都適合，常見的餐點包括雞蛋糕、甜品、咖啡茶飲或飯糰等小吃。

○ 製作價位

一般行動中古餐車價格約 NT.20 萬元起跳，根據設計及設備的不同，價位有所不同。餐車車體加改裝費一般在 NT.30 ～ 80 萬元間。

○ 誰可以做

可找專門在做餐車的合法車體廠改裝，視改裝幅度，胖卡餐車大約會花上 1 ～ 2 個月才能改裝完成。

○ 適用材質

主要以廂型車改裝成復古或各式造型車頭，要開上路需符合台灣對改裝車的法規。

圖片提供__達日好胖卡

❶ 車體內部為料理區，需注意火源與設備和油箱油管的距離以及是否妥善隔開。

❷ 醒目、可愛的外觀是吸引過客的亮點之一。

Type 5

美式餐車

人與廚房都在車上

　　從國外風行到台灣的美式餐車，除了電影裡給人高品質但價格相對親民的美食印象，還有人與廚房都在後車廂上、不需要落地作業的最大特色，是更接近獨立廚房的存在。但若真正從實際面評估，在台灣一台功能齊備的拉風美式餐車，成本不亞於租下 8 ～ 15 坪店面的租金和裝潢、設備費用，且有油資、車輛保養、發電設備等固定開銷，在決定投入前需審慎評估。此外，美式餐車造價高，一般上不太推薦販售單價低、缺乏獨特性的商品，不過相對的備貨量大、車輛大吸睛度高、也能辦到食材不落地，食品衛生安全上更有保障。

○ 速配餐點

空間較大且有便於移動優勢，各種餐點都可做，但不推薦單價低、利潤低的餐點。

○ 製作價位

美式餐車車體加改裝費介於 NT.60 ～ 120 萬元之間，是成本最高的行動餐車類型。

○ 適用材質

多用三菱得利卡或韓國現代汽車（Hyundai）商用車改裝。另外也有人用露營車改裝，但造價不菲。要開上路需符合台灣法規。

○ 誰可以做

可找專門在做餐車的合法車體廠改裝，美式餐車一般會花上 2 個月時間改裝，幾乎都是依照動線需求、設備、設計等做高度客製化，比較沒有規格品可以選擇。

❷ 後車廂往車頭延伸的設計，能增加
更多收納空間作為運用。

❶ 車頂可以安裝通風天窗，
讓車內熱氣能即時循環。

攝影＿Amily

❸ 人與廚房、設備、食材全都能在車上
作業，打開車廂門便能開始做生意，
是美式餐車最大的特色。

一定要注意的車體改裝相關法規

　　依照《台灣道路交通安全規則》規定，行動餐車若變更原廠車身設備，須向公路監理機關申請臨時檢驗，若有破壞車體則須到交通部公路總局規定機構做「車身結構強度」檢測。因此，餐車、胖卡餐車與美式餐車經改裝後，基本上都要經過驗車程序，才能合法上路，無論自行改裝或請人代工都要注意。如果汽車車身、引擎、底盤、電系等重要設備經變更或調換，卻沒有申請臨時檢驗而行駛上路，便會違反「道路交通管理處罰條例」第18條，被監理單位查獲時，可處以汽車所有人NT.2,400～9,600元的罰鍰。若一年內違反超過2次，更會吊扣牌照3個月，3年內經吊扣牌照2次再違反者則直接吊銷牌照。

交給專業最安心，各種需求都能滿足

　　早期行動餐車外型較為陽春，以機能、低成本為最大優先，直到市場逐漸成熟、熱絡起來後，漸漸朝向個性化改裝的模式發展，再進一步演變得愈來愈專業。如今不論哪種行動餐車，建議可以找尋專門改裝攤車或餐車的團隊進行改裝，因這類改車廠或設計團隊接觸行動餐車的時間更久，擁有豐富的經驗，能配合需求高度客製化，在改變外觀視覺達到個性化，增加營運時的空間功能外，還能提供意見規劃動線。此外，台灣行動車創業發展協會或台灣美式餐車俱樂部等餐車團隊，更能直接協助辦理驗車。

透過專業廠商提供的設計圖，更能對應設計與需求是否相符，也建構出對完成品的想像。

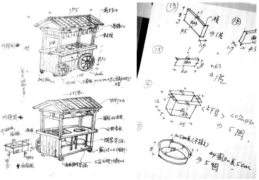

攝影＿Peggy　手繪圖、攤車設計＿蘿曼餐飲規劃設計林先生

攝影＿曾信耀

攝影＿曾信耀

專業攤車或餐車廠能依
照客戶需求做高度客製
化，若需要驗車也能協
助辦理。

中古車要慎選，避免後續問題不斷

　　行動餐車草創初期，許多人會選擇以中古車改裝加入市場，詹姆斯與達
日好胖卡行銷負責人林宜德皆表示，挑選二手車一定要小心，因為愈老的車
愈容易出現問題，一旦拋錨損失更嚴重。詹姆斯舉例，自己第一台美式餐車
是 26 年老車改裝，買車花了 NT.6 萬元，修理翻新花了 NT.18 萬元，「但我
是一個一個零件更換，翻新後跟新車沒兩樣。如果我買二手車，反而不知道
要從哪裡開始調整。」

攝影＿江建勳

出車在外，水的來源是餐車最大的困擾之一，然而儲水桶愈大愈佔用空間。建議仔細思考自己是否需要水，用水量不大的話盡量以小水箱為主，僅用作簡單清潔或洗手使用。

規劃主次要設備，做生意必須的優先

　　行動餐車空間有限，詹姆斯表示要將生產設備劃分為「一定要帶才能做生意」的主要設備，以及「可有可無，在家事先處理也可以」的次要設備兩種，先把主要設備都帶上車了，再考慮次要。餐車不是廚房，林成達提醒小至水桶、電瓶，大到清廢水儲水槽、發電機、冰箱都會佔用到空間，但烤箱就是需要電、煮麵檯就是需要水，必須性高就要優先準備，並在其他設備或空間大小上做取捨。

反覆演練找出最佳動線與生產動線

　　改裝或客製化不是只做出一個搶眼的造型這麼簡單，無論攤車、三輪車或餐車都等同於一個微型店面，要有引人注意的門面，也要能容納餐飲器材、配管配線等細節。因此，要設計出順手好用的行動餐車，對餐飲流程要有一定的理解，並熟悉料理所對應的烹調設備的尺寸、規格、所需的預留空間等。這些動線規劃是否順暢，影響出餐速度以及人力的配置。最適合個人的動線，需要靠反覆演練、逐一拆解，慣用手也會造成影響。城間小轍 Dear City 執行長楊竣翔提醒，點餐、結帳、取餐流程也要預先設想，再依順手的方向設計。林成達則表示，生產流程一定要規劃好，即使是最簡單的雞蛋糕，增加

烤盤與調整順序、精准掌握什麼時間做什麼事就能提高總產量。另外也提醒，若經常是一個人出車，動線規劃自然要能符合一人作業需求。

餐車衛生要顧好，乾乾淨淨更加分

　　對於創業者而言，應思考如何讓消費者信任行動餐車的餐飲服務，能藉此與一般攤販有所區隔，而更注重衛生、乾淨整齊的外觀能加分不少，畢竟行動餐車仍屬於餐飲業，衛生自然不容忽視。在以討喜、令人驚豔的餐車外觀吸引人眼球之於，要注意定期清潔行動餐車、器具設備，透過比較明亮的照明也能起到加分作用。

TIPS

預測回本時間應計入固定開銷

　　一旦決定商品與定價，以及行動餐車類型與相關設備後，便能初估回本時間。開吧 Let's Open 餐飲創業加速器共同創辦人魏昭寧說，假設說餐車加改裝費花費 NT.50 萬元、廚具設備總額 NT.10 萬元，這些投入資金除以每個月扣除食材、油錢等開銷的銷售淨利後，便能算出回本所需的時間。在這個階段，也可以重新審視自己的商品定位與售價是否承擔的起原先的車種與設備。

找出損益兩平點

　　開行動餐車不能只看生意好不好，還得看它是否會賺錢。而判斷的標準則要檢視損益表。經營者一定要有損益表的概念，當營收扣除相關費用的攤提後仍有盈餘，才能判定是否有賺。創業首要目標為達成損益兩平，愈慢達成即付出的周轉金就愈多，做到損益兩平後，才代表財務從入不敷出開始走向轉正情況。

　　最簡單的損益公式為「營業收入－營業成本＝營業毛利」，但營業毛利實際上並不代表你所賺的錢，因為還要扣除各種租金、水電等「營業費用」，剩下的是「營業利益」。但後續可能還有其他費用支出，例如所得稅、創業金若是貸款而來則有利息費用要付，整體扣除完後即為最終獲得的金額「稅後淨利」。

📁

Project 05

地點計劃

當店鋪鎖死在一個固定位置，只能等待該商圈的客群上門時，行動餐車能開著車子到處往人流多的地方做生意，是許多人對行動餐車為之著迷的理由：化被動為主動。不過，行動餐車在路邊經營普遍會被當作流動攤販取締，這將會是許多創業者上路後面對到的最大難題。

從客群定位鎖定目標市場

　　《成功開店計畫書》中指出，得從客群定位決定目標市場，再從中過濾篩選出可以經營的商圈，進而找到經營的區域點。雖然行動餐車能趴趴走，到處做生意，但創業者仍然要從商品的定位去做客群分析，再來篩選可以經營的商圈，每個區域的餐期時間、客群、消費習慣都有所不同。舉例來說，雞蛋糕在學校周邊或園遊會，一般生意會比商辦來得好；售價 NT.150 元的漢堡在國小周邊可能大多數人無法承擔。因此選址時，一定要先確認客群是否吻合，否則即使人流再多，最終仍不會上門光顧，可能就浪費了一個餐期的時間與食材。

「咖啡杯杯」鎖定平日辦公室族群對咖啡的高需求，以咖啡行動餐車的方式出沒在商辦區域提供高品質的外帶咖啡。

攝影＿Amily

餐車協會每年都會收到上百件活動邀約，成為會員的話，就比較能確保收入。

競爭對手分析，同質性高要謹慎考慮

　　林成達提到，選擇地點時也要考量當地是否有競爭對手。他舉例，假設說 NT.150 元的漢堡，當營業地點周邊有許多同價位或低價 CP 值高，且有內用座位、氣氛佳的餐廳，「你會選擇只能外帶的餐車還是舒服地內用？」當然已經有品牌知名度的行動餐車，會吸引人慕名而來購買，但對於口碑尚未建立的業者而言，競爭對手分析變得尤其重要。

路邊經營有被取締風險

　　行動餐車的經營型態大致分為三類，分別是路邊經營、跑活動以及包車。在台灣，路邊擺攤並不合法，《道路交通管理處罰條例》規定在未經許可之道路擺設攤位，除了會吃上罰單外，其攤棚攤架還有可能被沒收。因此如果想路邊經營，每週都到不同的點販售，就要承擔違規或被附近民眾、店家檢舉的風險，不過北中南部民情不同也會有所影響。建議創業初期以流浪餐車形式找出潛在客戶，做有效曝光後，還是要考慮租下當地的小空地做定期定點餐車，固定時間、地點給老客戶，比較能吸引新客人慕名而來。

跑活動，人潮有保障

　　跑公司家庭日、園遊會、政府活動，或進駐市集、演唱會等，對於行動餐車業者而言是收入比較穩定的作法，雖然可能需要加入協會或團體才容易取得相關資訊，但繳交一小筆會員費便能取得優先報名權，適合想以參加活動為主要經營策略的創業者，也因為活動都有正規場地，不會面臨到被臨檢驅趕的風險。

圖片提供 ___ La Rue 文創設計

La Rue 文創設計藉由舉辦市集，提供自家客戶銷售的空間，也形塑出不一樣的城市風景，並發現餐車的美。

參加市集最能快速提升品牌認知度

目前全台熱門的餐車市集包括「La Rue 文創設計」在南部不定期舉辦特色三輪車與攤車市集活動，北部則有「Funtasty 有趣市集」定期在圓山花博花海廣場等地方舉辦主題市集如啤酒美食節、萬聖節暗黑系及耶誕節微醺饗樂美食派對等，並招募餐車品牌進駐，Funtasty 有趣餐飲行銷總經理謝維智表示每一場活動都會尋找符合主題的餐車，請業者規劃符合主題的餐點設計，而有趣餐飲行銷團隊則會統籌整體的形象包裝、行銷企劃，甚至創造不同餐車的聯名合作，對雙方而言便能造就雙贏的可能。

市集品牌想找這樣的餐車

究竟什麼樣的餐車是市集品牌想找的呢？謝維智分享一般上需要具備以下特質：

1. **注重食品安全與衛生。**市集活動通常是從早到晚長時間進行的，市集都希望能為消費者提供安全安心的環境來享受市集，因此特別重視食品安全與衛生，原則上不允許食材紙箱落地。

2. **配合度高。**以有趣市集來說，每次市集活動都會有不同的主題，若主題為「辣」，則希望行動餐車夥伴能針對主題特別增設辣味的料理，配合度愈高、合作機會自愈高。他舉例有一次做萬聖節主題，規定所有餐點飲料都要有特殊造型口味才能來申請，便有夥伴在漢堡、披薩、墨西哥捲上做出符合主題的變化，例如墨西哥捲餅加上黑色墨魚的辣醬、在漢堡上做出骷髏頭、手指等特殊造型。對餐車而言，也是創意的展現。

圖片提供 ＿ Funtasty 有趣餐飲行銷

圖片提供 ＿ Funtasty 有趣餐飲行銷

有趣市集上常集結許多美式餐車品牌，謝維智表示，希望在有趣餐飲行銷的帶領下，有趣市集能成為
年輕廚師朋友展現自我的舞台，被更多人看見。

不要只看人潮，適合度高的市集活動才參加

　　對於行動餐車品牌而言，挑選市集、活動也是有訣竅的，而最核心的
關鍵還是要回歸市集或活動的主題、調性是否與品牌相符。千萬不要只看人
流量就做決定，謝維智表示像是新北市每年舉辦的新北耶誕城人流可達上百
萬，然而這樣的活動，人們來是想看耶誕城的燈飾，自然不願意花太多時間
排隊等候，因此出餐速度慢，排隊隊伍可能需要等上幾十分鐘才能取餐的，
消費者等不了，就會到別攤消費了。

路是自己開出來的

　　餐車優勢在於機動性高，詹姆斯指出，一個地點能否擺攤沒有標準答案，許多業者都是自己開車到處晃晃，才意外發現原來某個地點特別適合經營，比如沿海或山上等偏僻、資源較匱乏的地方，生意往往特別好。他也建議創業者在車身上切記留下聯絡方式，自己就曾閒來沒事開著車子出去晃晃，結果回家不久就收到電話詢問，得到包車或活動經營的機會。

外觀吸睛的行動餐車，光是停在路邊就會引起路人的好奇心。車身上留有品牌名、社群帳號、QRCode、聯絡方式等資訊，無形中也能起到廣告行銷的功用。

攝影＿Amily

Project 06

品牌計劃

行動餐車創業，並非只是找台餐車就上路做生意這麼直線式的思考，餐車經營也需要有品牌思維，才能在市場中異軍突起，甚至養出願意「追車」的忠誠消費者。對於日後有計劃要轉型店面經營的創業者而言，品牌定位的樹立與延續更成為關鍵。

找出差異點，才能替品牌找到市場位置

　　品牌代表消費者心中的價值，在做行動餐車創業計劃時，決定了商品、車體，也不要忘記必須先建立自己的品牌定位，如此一來，當消費者提及商品時才能進一步聯想到品牌，經營幾年後如果要轉型成店面，品牌力也能繼續沿用作為識別。名象品牌形象策略股份有限公司業務經理容韜鈞（掏咪）於《手搖飲開店經營學》一書中指出，「定位即在幫助品牌找到屬於自己的市場位置，投入前先問問自己如何與眾不同？價值與優勢在哪？才能挖出與別人不同的意涵。」2016 年成立的「SKRABUR 黑膠漢堡」將美式漢堡與 DJ 嘻哈文化結合，餐車外觀、商品都融入嘻哈要素，創新模式立即在年輕人中掀起話題。2020 年黑膠漢堡開設實體店面後，也延續這樣的品牌形象，成功走出一條難以被複製的路。

將個人特色與創意融入

　　開吧 Let's Open 餐飲創業加速器共同創辦人魏昭寧觀察到，許多受歡迎的行動餐車，其品牌力都來自於創業者自己對生活的想法。這些老闆更喜歡獨立自主、有冒險犯難精神、且擁有無窮的創意，將本身鮮明的的個性延伸到餐點、餐車造型上。像「Lighthouse Food Truck 燈塔餐車」創辦人康智皓，便是將自己喜歡看海，在海邊常見的燈塔元素納入品牌，希望帶給消費者如燈塔指引船隻方向般溫暖的形象。魏昭寧指出，個性很好做延伸發揮，把自己的人設放在產品上比起無中生有更為簡單。

攝影＿ Amily

「Lighthouse Food Truck 燈塔餐車」品牌 LOGO 也融入燈塔元素。

為品牌取個好名字

　　命名是品牌經營的重要決策，有獨特性且有意義的名稱，更能延伸出故事性，為品牌增添溫度。以「附近漢堡 Nearby Burger」為例，所謂附近，即為總在周圍，卻無法明確指出地點，簡單道出品牌幽靈餐車的個性，也留下深刻印象。魏昭寧強調，品牌塑造上不花錢的最該認真想，尤其是名稱，一旦決定，後續就不建議再做改變，容易讓消費者誤會品牌在市場上被淘汰了，因此務必謹慎。

隨時檢視，不忘最初的定位

　　品牌發展過程會經歷創業初期、發展期與成熟期等階段，當品牌漸漸成熟，消費者漸漸不是因為「這裡有台餐車，來試試看」而是「它今天要去信義區擺攤，我要去吃！」時，更是要鞏固品牌定位的時機，才不會在市場中迷失。正如名象品牌形象策略股份有限公司資深創意總監黎正怡在《手搖飲開店經營學》中指出，「最初的定位核心，正是品牌與競爭品牌差異關鍵，得隨時檢視、提醒與維持，後續的發展才會更有價值。」

「SKRABUR 黑膠漢堡」將美食、餐車作為傳遞的中介，利用文化裝飾餐點，讓人們能透過品牌去認識嘻哈文化。

攝影＿黃勇宏

圖片提供＿SKRABUR 黑膠漢堡

□

Project 07

行銷計劃

對於營業時間不固定、活動範圍隨機性強，甚至達到「神出鬼沒」、「幽靈餐車」程度的行動餐車而言，如何維護品牌與客人之間的關係尤其重要，才不會使品牌被民眾遺忘。想拓展品牌知名度，就一定要把握住社群行銷的力量與參加市集擺攤的機會。

自媒體行銷勢不可少

　　網路時代下，只要有網路，人人都能上 Facebook、Instagram 等社群媒體。台灣網路資訊中心公布的「2020 年台灣網路報告」顯示，國人 Facebook 的使用率為 94.2％，其次為 Instagram 的 39.82％，行動餐車品牌更要善用這些媒介。除了經營粉絲專頁公告營業地點與時間，維持與消費者之間良好的互動，累積對品牌的好感度外，也可以善用平台的即時訊息回覆、顧客打卡功能、Instagram 的圖像行銷、美食照片宣傳等方式增加力道。

重視口碑行銷，讓熟客帶來最有力道的廣告效應

　　相較連鎖企業擁有忠實客群與行銷資源，行動餐車經營資源相當有限，因此更需借助顧客之間的口耳相傳，達到廣泛行銷的機會。在人人都是自媒體的時代，網路的影響力雖能造成爆紅效應，然而依靠爆紅影響帶來的人潮並非長久之計；找寫手、行銷顧問公司、報章媒體雜誌來採訪寫文雖然都是可行的，但效果都只有一時，尤其在資訊爆炸的時代，訊息更容易被稀釋掉，

參加市集活動取得曝光機會，接觸新客群建立口碑後，再用自媒體維持與消費者之間的互動，漸漸養成忠實粉絲。

圖片提供：Funtasty 香趣餐旅行銷

甚至被當做業配文看待，讓品牌的信任度降低。因此，真正能在行動餐車市場中立於不敗，還是須憑藉鞏固忠實顧客為主，這也是為何許多餐車品牌非常重視維持與消費者間的交流，當消費者能從互動中了解品牌價值、培養與店家的情感，才能區隔出品牌的獨特性，進而促成忠實顧客的形成。

裝設電視敘說品牌的故事

詹姆斯指出，行動餐車裝設電視好處很多，根據台灣美式餐車俱樂部內部統計，裝有電視的品牌營業額多了將近 3 成，這是因為餐車一旦忙起來，未必有時間跟現場的客人互動，但透過電視呈現菜單或播放有關品牌的視覺、影音，更能幫助消費者了解品牌的故事，二來也比較能留住客人，在等待餐點之餘能打發時間。

運用創意創造無限可能

行銷策略並沒有標準答案，除了自身努力經營媒體外，也能透過合作聯名，借力使力的方式把好的餐飲分享給更多人知道；或參加市集活動提高曝光機會；與異業保持密切合作，例如透過企業包車接觸更多元的消費族群。如今的時代，宣傳方式不再仰賴單一，任何地方都有不同的可能性能找出與大眾接觸的機會。

左／在餐車上裝設電視，讓消費者在等餐或排隊的時候，也能透過播放的內容更進一步認識品牌。右／（右上）「這好咖啡 Zero coffee」會依據活動主題、節日等自製各式各樣的 LOGO 貼紙，而這些貼紙也出現在「啤先生 Mr.PiPi 美式餐車」（右下），無形中透過貼紙得到更多曝光。

攝影＿ Amily

攝影＿ Amily

Project 08

設計計劃

隨設計在商業活動中的成分愈來愈大，設計本身的價值也愈來愈受人所重視。善用「設計」，不只能增加品牌在市場中的辨識度，也可將空間做最有效的安排，發揮最大的效益。

建立品牌識別加深品牌印象

市場上品牌何其多，要如何讓消費者留下印象，品牌識別很重要，因為這是讓消費者分辨具體品牌的有力標準。圖像容易讓人留下記憶，LOGO 更能產生身分辨識作用。設計 LOGO 時，建議透過專業團隊進行規劃，較能將字體、形式、圖像、顏色、版型等做有規範性的配置，並將品牌故事、形象、特色等融入，讓消費者能從中了解品牌想傳遞的精神與宗旨。例如「附近漢堡 Nearby Burger」將餐車行駛於街道的意象化為 LOGO 圖形，以紅色圓形代表自己的所在地。

LOGO 不要吝嗇使用

將品牌視覺化後，千萬不要棄之不用。圖像記憶是一種視覺感官收錄，能快速地將訊息記錄下來，名象策略股份有限公司創意總監桑小喬於《早午餐創業經營學》書中曾建議，在設計包裝外觀時，不妨可將品牌中有使用到的圖像、ICON、LOGO 等融入其中，特別是對新興品牌而言，藉此有利於幫助消費者增加記憶，進而留下對品牌的印象。此外，招牌、行動餐車外觀等「面」適當運用 LOGO，也能多方位加深圖像記憶。

「好樂雞蛋燒」將 LOGO 運用特製印章與烙印，分別刻在包裝袋與雞蛋燒上，讓產品更具品牌識別度。

攝影＿葉勇宏　　攝影＿葉勇宏

外觀

解構行動餐車設計

如同對一個人的第一印象多從外表建立，一台行動餐車給人的印象，也是透過外觀傳達的訊息建立，像是用了什麼具風格代表性的元素和建材、是特立獨行讓過客注意還是低調內斂卻想一探究竟。以路邊經營為主的餐車，在這眼球經濟的時代，都要設法打造出網紅餐車的氛圍。在兼顧工作出餐需求的同時，如今的行動餐車還能融入工業風、清水模、復古風等設計風格打造吸引人的外觀，讓消費者備感新鮮，產生拍照打卡的慾望，更協助品牌做進一步的宣傳。

❶ 店主親自打造手感木質攤車

老闆效法日本職人精神，親自動手製作這座全台獨一無二的臭豆腐攤，利用深色並帶有斑駁的木板營造懷舊感，並以日式風鈴、玩偶、燈籠、煤油燈等點綴裝飾。

Type 1 攤車

和風掛飾增加細節豐富度 ◀ ·············

攝影＿楊為仁／一碗豆腐

胖卡造型百變吸眼球

圖片提供＿台灣行動車創業發展協會

❷ 獨特卡通造型吸引目光

胖卡餐車以可愛造型而聞名，經由改裝，胖卡能穿上各式新衣如龍貓、變形金剛等等，遠遠就會被吸引。

Type 4 胖卡餐車

❸ 將愛貓形象植入外觀與品牌

將愛貓啤啤融入餐車外觀、LOGO 設計中，搭配貓咪坐鎮的賣點以及美式餐車本來就吸睛的造型，成功成為人氣寵物餐車。

Type 5 美式餐車

內外統一風格設計，
細節令人駐足端詳

攝影＿ Amily ／啤先生 Mr.PiPi 美式餐車

攝影＿ Amily ／啤先生 Mr.PiPi 美式餐車

用舊相框裝飾攤車
門內裡形成亮點

圖片提供＿左手企業有限公司／小俠愛吃沙威瑪

4

④ 讓舊時好時光倒流的復古餐車

將具有濃烈復古氛圍的老磁磚、老相框、
鐵窗花、舊木材、燈具等元素運用在攤
子上，打造出獨樹一格的外觀，令人忍
不足駐足觀看細節。

Type 2 三輪車

⑤ 展開車門做展示牆

善用餐車每個角落，考量實用技能之餘，
也用佈置營造整體氛圍，利用展開的車
門作為展示牆，傳達店主的生活態度。

Type 3 餐車

利用車門吊掛陳列，
傳達品牌精神

5

攝影＿Amily／Everywhere food truck

攝影＿Amily ／
Mundane 沒有
靈魂的餐車

攝影＿Amily ／ Mundane 沒有靈魂的餐車

利用質地溫暖的木材裝飾，柔和
車身外部強烈的視覺風格

❻ 風格彩繪賦予餐車靈魂

大膽、鮮明的彩繪遍佈在整台車子的外
觀上，形塑出個性十足的效果，內部裝
潢則採用木作裝飾，柔和整體的視覺。

Type 3 餐車

❼ 小擺飾增加趣味也點睛

運用檯面上的多餘空間，以不會打擾工
作動線的前提下，擺放公仔或小物件，
或鋪上綠色人造草皮，為小餐車增添趣
味性。

Type 2 三輪車

動物公仔仿佛在草皮
上快樂生活著，顯得
童趣十足

攝影＿王士豪／行行狀元糕

攝影＿王士豪／行行狀元糕

鮮艷的色彩組合，呼應
水果茶予人的感覺

圖片提供＿左手企業有限公司／古曼星球

⑧ 注入熱帶、新鮮、清爽意象

配合水果茶專賣形象，以新鮮剖半的柳
橙插上吸管，傳達新鮮、快速、健康之
意象，燈具環繞形成閃閃發亮的行星光
環，呼應品牌名中的星球。

＃ Type 1 攤車

⑨ 處處是細節，貫徹工業風特色

小小三輪餐車碰上工業風，也能擦出火
花。從大面積的大理石紋理，到小巧的
水管燈、名片架等精心設計，打造出市
面上罕見的工業風餐車。

＃ Type 2 三輪車

結合工業風鐵件金屬＋
管線外露特色

攝影＿管信翔／ONE-R章魚燒

攝影＿管信翔／ONE-R章魚燒

一片綠意中，更凸顯餐車鄉村風格的設計

⑩ 退役消防車重生夢想餐車

由 1990 出廠、609D 的消防裝備車改造而成的餐車，以偏向歐美鄉村風格的設計，輔以滿滿的花園植栽、小推車、老件等裝飾妝點，顯得復古柔美。

Type 5 美式餐車

⑪ 穿梭在大馬路上的銀色光影

專注於提供職人精品咖啡的品牌精神下，餐車外觀回歸簡單，以乾淨利落的銀色外觀與黑色為主色調，傳遞品牌的專業感。

Type 5 美式餐車

以銀與黑為主的設計，停下時更能融入城市背景，顯得渾然天成

招牌的材質運用，可根據餐飲類型以及風格主軸作為設定，好比說美式料理的招牌可加入霓虹燈光，讓夜間呈現的效果更明顯；日式料理則多以鏽鐵、木頭、不鏽鋼材質打造，藉此強調日本的內斂和樸質精神，也可以選用具手感的布面或是暖簾作為招牌的表現之一。另外要注意，行動餐車的招牌建議最好是可拆卸式，以便開車時取下。

❶ 站立招牌菜單以燈光加強吸睛度

除了車頭上方圓形主招牌外，也可增加站立招牌置於餐車旁，簡潔明瞭的列出主打商品，而餐車主要照明也以黃色軌道燈集中打在菜單價目表上，達到聚焦效果，亦方便客人挑選點菜。

＃ Type 3 餐車

雙招牌吸睛效果加乘

攝影＿Amily

攝影＿王士豪／行行狀元糕

❷ 醒目旗幟迎風飄揚

運用臉書公告出車地點與時間後，白底黑字的布幟店招，讓聞訊而來的客人能尋覓作為標的。

Type 2 三輪車

巷弄搭配側招、立牌等方式提升能見度

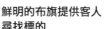

鮮明的布旗提供客人尋找標的

攝影＿葉勇宏／好樂雞蛋糕

❸ 充分利用多面招牌吸引眼球

於固定位置營業時，可運用立牌、突出於街道的招牌、旗幟等全方位讓路人更容易看見，無論開車騎車或路過都不會錯過。

Type 1 攤車

菜單的編排與設計是行銷的一環,菜單不僅要資訊一目了然,最好還能加強客人對品牌的印象。大多數的餐車不會有紙本的菜單,而是用黑板畫或海報的方式呈現,一方面也是因為手寫的形式,要調整餐點也比較簡單。菜單一般有食材分類法與料理分類法,主要賣點或是主推的菜色可特別強調讓其更為顯目。

❶ 照片菜單讓初訪顧客一目瞭然

當目標客群主打不熟悉該種料理的客人時,附上料理照片能提供參考。若餐點比較大眾,則可用純文字菜單並附上菜色說明,讓客人多點想像。

Type 1 攤車

附上圖片,建構對
餐點的期待與想象

① 攝影＿Amily／淩拾

攝影＿ Amily／The Oasia 綠洲

攝影＿ Amily／好咖啡 Zero coffee

黑板保留靈活更改的彈性 ◀┄┄┄┄┄┄┄┄┄┄

❷ 手寫菜單率性也保留彈性

為了方便客人排隊時查看及保留彈性，許
多行動餐車都會使用較大的黑板，以手寫
展示當天的菜單，並用不同顏色、大小的
方式呈現價格、重點商品等。

Type 3 餐車（左）、Type 5 美式餐車（右）

運用 LINE 看菜單點餐更方便 ◀┄┄┄┄┄┄┄┄┄┄

❸ 數位菜單

數位菜單也是可以思考的做法之一，像「咖
啡杯杯」就運用 LINE 開發「BeiBOT」，
透過 LINE 就能看菜單、點餐、行動支付，
甚至還能在不同地方揪團，分送不同地址。

Type 5 美式餐車

完善的照明規劃，對於行動餐車整體氛圍具有畫龍點睛的效果，單是光線的轉換，就能瞬間提升質感。儘管各式建材並沒有非哪種光色不可的規定，但每樣素材的確還是有比較適合的光色種類。一般而言，燈泡色等 3000K 左右的暖光，會產生柔和且凸顯紅色系的色調，超過 4200K 的白光則是給人剛硬冷調的印象。因此紅色成分多的木材及暖色系色條適合與溫暖的光色搭配；透明的玻璃和金屬色等需以白色光色來襯托其素材感。

❶ 想要強調之處就用燈光處理

以 LED 燈圍繞圓形招牌，令圓招在夜間能特別突出，
燈光運用得當能重新分配觀者的視覺重點。

Type 3 餐車

圓招圍一圈 LED 燈，有如
螢光筆畫重點的效果

攝影＿ Amily

攝影＿Amily／Stay Gold 初心環島餐車

▶ 霓虹燈迷幻的燈光改變夜晚的氛圍

② 霓虹燈彰顯美式風格

無論白天黑夜，霓虹燈都能為餐車帶來
絢麗的視覺效果。尤其夜晚，霓虹燈招
牌更能起到像是爭地盤一樣的效果，讓
過路客無法忽視。

\# Type 5 美式餐車

③ 多種燈飾美化，也豐富視覺體驗

霓虹燈、特色造型吊燈與 LED 燈串結合
佈置，豐富了餐車所帶來的視覺效果。

\# Type 5 美式餐車

**▶ 柔和燈光提供目不
暇給的視覺盛宴**

攝影＿Amily／The Oasia 綠洲

攝影＿Amily／The Oasia 綠洲

作業區與動線

解構行動餐車設計

　　無論大小規模，餐飲業的廚房或統稱為作業區，是保障一台餐車能順利運作的關鍵。因此在規劃時，一定要確實模擬每天的流程及每項動作的動線，以評估儲藏食材、爐火、水電等以及各種設備的位置。在設定工作檯或爐具設備的高度時，建議以廚師身高為基準，以亞洲人的體型來說，高度多半落在 80 ～ 90 公分左右才比較順手。而行動餐車受限於空間大小有限，作業區自然無法像正規廚房那麼完善，只能盡可能追求麻雀雖小五臟俱全。

❶ 車身兩側各作出餐或烹飪用

考量空間限制，藉由木隔間牆區分左側點餐與結帳區以及右側烹調區，除了整體更美觀，也能防止油煙往前竄。要提醒的是，由於台灣是左駕緣故，大多數行動餐車都會以右邊作為作業區（人員需落地的情況）或是出餐區（美式餐車），對老闆或客人而言都較有安全保障。

Type 3 餐車

關左右兩側料理區，方便工作兼具展示效果 ◀┈┈┈┈

攝影＿江建勳／附近漢堡 Nearby Burger

抵達定點後放下腳架，
讓作業空間更舒適

❷ 腳架穩固車身讓作業更輕鬆

攤車與三輪車類的行動餐車，可以透過
加裝腳架穩固車身，避免晃動或路面水
平問題影響作業；餐車與美式餐車等則
建議使用車檔，視場地的情況調整使用。

\# Type 2 三輪車

❸ 後車廂層板形成工作檯

為了解決三輪車作業空間相對有限的問
題，在前後車廂位置都設有層板可以打
開使用，後廂更以木層架搭起手沖咖啡
的工作檯，擴大了操作檯面的範圍。

\# Type 2 三輪車

善用摺疊層板設計爭
取更大的工作檯面

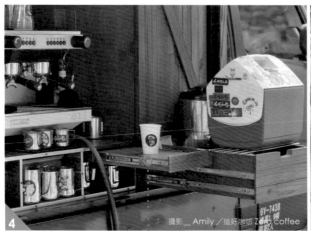

攝影＿ Amily ／這好咖啡 Zero Coffee

4

攝影＿ Amily ／
Mundane 沒有靈魂的餐車

4

**伸縮式檯面大增
料理便利性**

❹ 隱藏式設計讓料理機能變強大

料理區所需機能不單只有爐火設備，像
備料時所需的切菜檯面、簡單置物抽屜
等，均以隱藏式設計來應對，輕輕拉取
便能展開使用，充分發揮行動餐車的每
處空間。

Type 3 餐車

❺ 一字型動線方便一人作業

行動餐車多以 1 ～ 2 人作業為主，但
考量到可能會有一人出車的狀況發生，
建議規劃動線時儘量以一人也能作業為
主。以一字行動線由右至左分配煎檯、
組裝檯、收銀區，讓一個人也能有效率
地出餐。

Type 3 餐車

**廚房沿著車身一字
排開，動線也都維
持在線上**

攝影＿葉勇宏／ SKRABUR 黑膠檸檬

5

收納區

解構行動餐車設計

行動餐車空間有限，消費者往往一眼就能看完整個作業區的情況，如果顯得雜亂，可能會帶給人們不衛生的疑慮，收納的設計對於外觀、品牌都會產生影響。建議根據作業流程分區規劃合適的收納，除非定點有後備廚房，否則出車時儘量裝備輕量化。最佔空間的未必是鍋鏟湯瓢，而是紙杯紙盒等外帶包裝們，但帶不夠又怕不夠用，收納如何設計尤其關鍵。

❶ 後車廂是最佳後勤補給區

餐車一開出門，所有食材、備品、設備都帶著走，活用車內空間是大學問。將前場和後場配置在車身兩側，後車廂就成放置食材備品的儲藏室兼備料區。

Type 3 餐車

❷ 善用每個空間做收納

前置式三輪車最主要的收納都集中在車廂內部，放置了產生蒸氣的鍋爐外，仍有空間能收納擺攤所需的物品。此外，若需要也可以增加後置車廂等方式增加收納空間。

Type 2 三輪車

收納區鋪上布料美化

考慮車身重量影響好騎度，儘量不要放置過重的物品影響平衡

攝影＿Amily／Everywhere food truck

攝影＿三生三賢行行狀元傳

攝影＿Amily／貓好咖啡 Zero coffee

運用設計思維美化置
物區，降低存在感

❸ 設造型櫥櫃、門板修飾收納區

將車子一分為二，左側置放發電機、比較少用到的設備器具
等，背部則以門板修飾並納入設計美化。右側作業區設計櫥
櫃放置較頻繁使用的物品，同樣加入設計修飾，關上門後也
能與餐車整體外觀融為一體，不顯得突兀或顯眼。

Type 3 餐車

Amily／貓好咖啡 Zero coffee

攝影＿Amily／貓好咖啡 Zero coffee

外帶包裝

解構行動餐車設計

　　把 LOGO 印製在外包裝上已經是常見的做法，如此一來才能發揮包裝「沉默推銷員」的角色。行動餐車幾乎以外帶為主，包裝設計與餐具設計便是重點，特別注重是否好拿，甚至能否邊走邊吃，便利性一定要納入考量。此外，有時為了打造品牌形象，也可以考慮進一步提升服務，自行製作餐具或相關產品，例如飲料提袋等。

❶ 讓包裝成為最稱職的「沉默銷售員」

過往的小吃尚未形成「經營品牌」的意識，若有外帶包裝需求時，多以最簡易的塑膠袋來承裝。如今品牌都必須重視「品牌精神」的延伸，例如將 LOGO 印上外包裝是十分常見的方式；若想仰賴特殊的外包裝造型來引起熱潮，也須思考顧客攜帶的方便性，勿讓原本立意良好的巧思成為一種負擔。

Type 5 美式餐車

設計感十足的外包裝
提升對品牌的印象

攝影＿ Amily ／ Lighthouse Food Truck 燈塔餐車

將 LOGO 延伸
運用在貼紙上

❷ 用特製貼紙建立品牌形象

經營行動餐車初期可能資金較為匱乏，難以一
次將包裝設計製作到位，不妨使用公版紙盒並
利用品牌形象貼紙，以相對低的成本建立客人
對品牌的印象。

Type 5 美式餐車

❸ 小配件額外加分

打開外包裝盒後，裡頭貼心附上印有 LOGO 的
牙籤旗，除了方便食用外，也確保消費者打卡
上傳時有品牌 LOGO 的露出。同時，從包裝盒
到牙籤旗內外都與招牌一致，更加深對品牌的
記憶點。

Type 2 三輪車

牙籤旗方便食用，
也加深品牌記憶

Project 09

應變計劃

行動餐車經營瞬息萬變，不僅靠天吃飯，雨季難以出車做生意外，也因為法規受限隨時可能面對檢舉、臨檢的狀況。呼籲創業者開業前，一定要多方設想各種可能面對的局面，預先想好應變措施，才不會在狀況發生時手忙腳亂，反而導致虧損或其他意外發生。

面對檢舉，積極尋求轉型的時機點

引述這好咖啡創辦人巫佩鏵與謝慧敏常拿來自嘲的話：「經營行動餐車就是要遇過檢舉，不然就稱不上行動餐車。」行動餐車受法規牽制，路邊經營不合法情況下，很難避免檢舉的發生。他們分享，行動餐車雖然有隨時更換地點的優勢，但也因為店家地緣關係，造成選擇營業據點時的劣勢，可能引來排擠效應而被驅逐離場。對此，仍要建議業者流浪經營一段時間後，可以思考轉型為租借場地的方式經營，至少不會有被驅趕的風險。

消防安全問題別忽視，備妥滅火器以防萬一

大多數行動餐車都會帶著一、兩桶液化石油氣（桶裝瓦斯），然而根據《道路交通安全規則》，液化石油氣屬於「危險物品」，在美國等地都曾發生過行動餐車因燃氣管路故障等問題爆炸的案例。目前法規並沒有硬性規定餐車強制配備滅火器，但建議創業者將滅火器列入規劃中，以策安全。

定點經營雖然相較不自由，無法到處販售，但善用閒置的土地或場域做詳細規劃後，反而能打造出令人慕名而來的餐車基地，例如「GOGOBOX」就長期放置在「樂灣基地」中，在創辦人精心佈局下，基地內更延伸出許多姐妹品牌。

攝影＿Amily

面對下雨天或疫情，不出車至少不會有虧損產生

　　除非有租借場地做定點經營，否則行動餐車面對雨天或疫情無法出門做生意，虧損也不會達到餐廳店面的程度，因此一定要有停損的概念，若碰上暴雨或颱風天乾脆別開門。若是普通下雨天，攤車與三輪車能搭配帆布遮雨棚使用，餐車與美式餐車則能透過車門打開的方式，如歐翼展開等滿足擋雨的需求。面對疫情這樣長期的困境，業者則應該思考營運上的替代方案，外送、只接預訂單等都是可行的做法。

歐翼與上掀式的設計，能抵擋一定程度的雨水。

攝影__葉勇宏

攝影__Amily

行動餐車轉實體店的新挑戰

除非以行動餐車作為終生志業，否則大多數創業者都計劃經營餐車幾年，品牌發展到一定程度，養出一批忠誠客群，也有足夠的開店基金後邁入開店的階段。無論開店後是否會繼續出車，從車轉為固定店面，背後是大相逕庭的經營思維。雖然相較於餐車時期少了風吹雨淋、暴曬在太陽底下買賣的辛苦，但多了一些需要重新思考與計劃的事，例如店鋪選址、人事管理、裝潢設計等；而過往已經漸漸熟悉的商品設計、廣告行銷、品牌定位等雖然可以沿用，但也要視情況做調整，例如若過去以特色料理為主，轉型為實體店面後就要想想是否需要依據商圈特性，另外加入一些常見的料理滿足不同消費族群的需求。

從行動餐車轉型開實體店面後，有哪些事是跟行動餐車創業截然不同的？接下來請跟著 plus 一一告訴你。

Point 01　店鋪選址
Point 02　資金結構
Point 03　人事管理
Point 04　物料倉管
Point 05　設計規劃
Point 06　裝潢發包
Point 07　教育訓練
Bonus　　成本分配表

Point 01

店鋪選址

若過去餐車是流浪式經營，可以從販售過的地點中找找有沒有最受歡迎、銷售數字最亮眼的區域。選擇店鋪除了從熟悉的區域出發外，對於商圈利弊條件上的評估更為重要，畢竟不能再像過去一樣，這裡賣不好就換一個地方試試看。

留意人流密度與特性

評估合適的店鋪選址，通常人流量會是一項重要的指標，無論商業區、文教區、旅遊觀光地等，人口密度愈高愈好，才有助於營運。不過，選址與目標客群還是要高度結合，若缺乏品牌主要的消費族群，即使店租再便宜、人再多，仍不具意義，因此「人流特性」與「人流密度」都要納入考量，既符合鎖定的目標客群、也有一定的人口密度是最為理想的。更進一步來看，商圈有所謂的「陰面」與「陽面」，陰面人潮少、陽面人潮較為熱絡，選址時盡量以陽面為主。此外也有另一種思考方式，便是脫離飽和區，轉向開拓偏鄉，利用空間與商品的獨特性吸引人潮前往，其實與一些行動餐車的經營思維類似，若過去旅途曾發現哪些比較偏僻的位置生意不錯，不妨考慮看看就地開店的可能，也能避免競爭者過多的情況。

交通便利且集客力要強

交通便利性會直接影響集客力，外帶店首重是否快速可達，內用店則訴求好不好停車，通常臨近捷運站、有停車場所，便利性高的店家會提升消費者前往的意願。如果位居偏鄉，則必須在空間與商品的獨特性上有更強的力道，也要善用社群行銷的力量，吸引消費者克服交通不便的阻力前往。

Point 02

資金結構

相較於行動餐車而言，開店的資金結構多出了好幾筆支出，包括人事成本、店租、水電、裝潢等，開一間店必須要去了解前期資金籌集及未來的使用情況，良好的資金控管會影響店面的營運是否順利，也為日後接續的擴充計劃打下穩固的基礎。

妥善拿捏成本支出

開一間店，在穩定營收基礎下，建議租金成本近可能低於總營收的 10％、人事成本不超過 20％、物料成本則不高於 30％。不過這些佔比法則並非絕對，各店家還是可以依據自己的情況找出成本管控佔比。若能有效控制開銷，避免失控，較不會影響實際的營收。同時設備維護、更新的費用也需優先納入考量，以免在需要的時候無法周轉，導致營運出現瓶頸。

預備金一定要準備

行動餐車創業屬於微創，許多人可能是出於夢想或熱忱一股腦投入，沒有準備預備金的概念，但開店時絕對不能這樣。這是因為開店更容易受到淡旺季、經濟衝擊等情況的影響，比起餐車也較難主動出擊。好比說新型冠狀病毒肺炎（COVID-19）期間，餐車可以把握外帶經濟深入社區或偏鄉販售，但店面除了設想提供外帶外送、發展電商或冷凍商品外，收入銳減的同時還要維持店租、人事成本的持續損耗，因此建議預備金（包含最基本的人事、租金、物料、其他雜支費用等，以及裝潢費用的攤提）最好準備半年以上，若能做更長遠的 1 ～ 2 年規劃更好，能一定程度上降低經營壓力。

Point 03

人事管理

行動餐車因為沒有內外場區隔，人力一般上 1～2 人就足夠。但開店後，人事成本會變成必不可少的支出。人力與服務的品質有緊密的連帶關係，想提升服務品質便不能像過去一樣都自己來，但也要避免低效率的人力配比。找出適切的人力配置模式，才不會造成人員與成本上的浪費。

掌握人力的需求

實踐大學餐飲管理學系專技副教授兼系主任高秋英於《早午餐創業經營學》中指出，理想情況下，開餐飲店的人事費用分配佔比，最好能控制在總營收的 20％ 左右，過高會影響店的獲利。最好在開店前就做好人事分配的概念，依照餐飲類型，先估算一整天的翻桌率，並且找出尖峰時段與離峰時段。由於離尖峰時段會影響營收，因此應該從中歸納出營收的波動，再依照波幅變動進行正職與兼職人員的配比，以求人員的效率達到最高，避免造成人力的重疊。

正職、兼職人員相互補

正職與兼職人員薪資費用不同，為了節省成本，不少店家會選擇正職與兼職人員並用，彌補人力上的不足也帶來助力。遇尖峰時段時，可以彈性聘雇一些短期兼職人員，彼此消化部分工作且提高工作效率，同時也能有效控制成本。

Point 04

物料倉管

食材是餐飲業最主要的支出之一，餐車時多以預先備料為主，準備多少，一天最高的銷售量就是那個樣子，這主要是受限於空間有限而無法帶太多；輪到開店時，儲藏空間增加，自然也能多存一些物料，建議做好相關庫存的管控，才不易形成資金、資源上的浪費。

從銷售數字決定食材存量

現在經營餐廳多半會使用 POS 系統（Point of Sale，中譯為銷售時點信息系統），能夠替店家處理點餐、訂位，另也能進行庫存管理、盤點等事宜。經營上可藉由系統銷售數字檢視各商品銷量與佔比變化，分析哪些餐點較受歡迎，哪些銷售較不理想，透過數據進而決定食材的訂購、庫存，從中找到最適庫存量，勿進貨過少以免發生缺貨，勿進貨過多，積壓資金同時也浪費倉儲空間。

Point 05

設計規劃

決定好店面後，緊接著就是面對店鋪規劃，不同類型的餐飲空間，規劃重點會有所差異。舉例來說咖啡館除了製造令人印象深刻的視覺外，也要扣合整體空間與顧客的互動，包含吧檯位置、動線規劃、座位區分配等；鎖定外帶客群的話便要作業區往前移，讓人點了餐即可拿了就走。

規劃流暢的位置與動線

餐飲空間依據餐飲類型、店型對應出不同的工作區域，可能包括點餐與結賬區、盛裝包裝、煎台、自助飲料區、座位區、外帶區等等。但規劃動線時主要仍是依據坪數、出餐需求決定配置形式與位置，切勿讓出餐、送餐、取餐等動線產生衝突，以免作業運行受到阻礙。另外在工作台設計上，若是複數人員一同作業，要注意能夠讓工作人員是以流程接力方式在運作，做完後以手傳遞交由下一方，而非一人從頭做到尾，因為這樣容易出現動線衝突。

有開分店計劃，宜在首間店就有能模組化設計

如果未來有開分店的計劃，設計首間店時，宜制定出所謂的空間識別標準（Store Identity，SI），以利後續展店的空間規劃依此規範執行，也降縮設計風格調性走樣的機率。

延續行動餐車的設計風格

從行動餐車轉為店面後，可以延伸原先的設計風格或作出呼應，讓品牌的風格得以延續。另外可以將原始的行動餐車或概念保留在店門口或內部作為裝飾，紀念過去的經營時期，讓熟客能透過餐車辨識，更刺激客人拍照打卡上傳。像是「ONE-R 章魚燒」開店後，便在店門口保留當年的三輪餐車。

Point 06

裝潢發包

不同餐飲，店鋪樣貌也有所不同，一定要根據品牌定位做出合適的店面規劃，然後再根據自己的風格進行裝修。後續裝潢工程的發包無論是交由專業設計師、專業工程團隊，或是自行尋求工程公司發包，相關法規都一定要加以留意。

選擇店鋪裝潢方式

　　從行動餐車轉為店面多為自主經營，因此相關設計多半是委託專業設計師或工程團隊統包規劃，又或者是自己進行初步設計後再發包工程。委託專業設計者的好處在於，多數人都不常有裝修店面的經驗，遭遇相關問題可以隨時請求專業協助、解決，降低風險，但相對的費用就會比較高。如果自行找工人發包，雖然能節省費用，但如果遇到經驗不足的工班、無法有效掌握進度，甚至中間與其他工程種類（如木工、水電、油漆、設備等）的溝通協調不佳，都有可能成為裝潢風險，進而造成進度落後，不但讓費用、時間增加，嚴重還會影響到開幕期。另外，裝潢工程相關法規多，許多問題也較為複雜，建議還是交由專業的設計公司來規劃處理較為妥當；若想由自己處理，則必須對法規、施工細節有一定程度的了解。

預留設計、施工期，施工期勿過長

　　店鋪設計、施作皆需要時間，對實體店鋪而言，承租的那一刻，租金便開始計算，分分秒秒都是錢。因此建議在找到地點的同時，也能先請設計師做初步的規劃；另外，也要記得要求對方畫好完整的設計圖、列出明確估價單，以及準確的工程進度表，最後一定要記得要簽訂正式書面契約，以保障彼此的權益。一般而言，設計規劃期約 1 ～ 2 個月的時間，裝潢施作約 1 個月，太短過於緊湊、過長則增加債務壓力，都不理想。 在構思裝潢設計時，千萬別盲目追逐最貴、最好，甚至也不要盲目地增加費用，這些不僅會提高開店成本，連帶也會影響日後攤提速度。

Point 07

教育訓練

隨餐飲業競爭愈趨激烈，服務也成為品牌在經營上的重要手段。人員不只提供銷售服務，更代表著品牌與店家的形象，必須提供一套完整的教育訓練課程，才不會讓服務品質出現落差。同時，如果希望開店後，行動餐車仍能出動，就更需要有人手協助餐車或店面的經營。

擬定訂服務 SOP、做好完整訓練

人員的教育訓練上，應擬訂出一套完整的員工訓練課程，舉凡正職、兼職人員，甚至到店長、幹部等，都必須逐一熟悉相關標準作業程序（SOP），才不會讓服務出現品質上的落差。

給與職涯訓練並設想發展規劃

開店後都會從中小型規模開始起步，然而人才培育卻是愈多企業開始重視的部分。成熟的品牌會先將店內職位別進行層級分配，像是工讀生、服務員、組長、店長等等，一來方便管理，二來各階層也擁有明確的對口，避免店務處理或彙報流程過於瑣碎，浪費不必要的人力時間，藉此制度也能讓同仁有所成長，把好的人才繼續留下。當品牌發展到一定成熟度之後想開始展店，此時可以藉由提拔同仁作為分店主管試營運，達到直營管理的方式，也能讓他們看的見職場生涯的未來目標。

Bonus

成本分配表

開店之後，如何運轉才真正考驗經營能力。在擬訂計劃表時，淨利至少需為營業額的一成。以下表格可供開店後的資金運用分配之參考。

浮動成本	食材	料理成本		30%
		飲料成本		
	人事費	員工人事費		20%
		兼職人員費		
		獎金		
		退休金		
		勞工保險		
		健康保險		
		徵才費		
	雜支	水電瓦斯	電費	5% 以下
			瓦斯費	
			水費	
		行銷費	廣告宣傳費	3% 以下
			促銷費	
		其他	消耗品費	7% 以下
			事務用品費	
			修繕費	
			通訊費	
			權利金	
固定成本	店租	店租、公共費用		10% 以下
	初始條件	折舊費		10% 以下
		利息		
		租借費		
		其他人事費		

Chapter
03

全台行動餐車品牌經營術

行動餐車創業成本，依照高低可分為「攤車」、「三輪車」、「餐車」、
「美式餐車」，漂亮家居編輯部蒐羅全台行動餐車品牌一一深入訪談，
看他們如何在市場中開拓出自己的獨特價值。

鹹甜都好味，迴游青年賣創意雞蛋燒

好樂雞蛋燒

品牌速記

出沒地區	台北市萬華區和平西路三段
經營模式	定點經營，每日 12：00 營業售完為止，週三固定公休
販售商品	韓式雞蛋燒

充滿木質感元素的文青風攤車，讓阿孟的攤子在整排老店中格外顯眼，過路人總忍不住多看兩眼。

位於台北市萬華的「好樂雞蛋燒」，是迴游青年吳孟樺（以下簡稱阿孟）二次創業的心血結晶，熱愛與人相處的她在母親的鼓勵下，回到自己從小長大的萬華作為起點，販售創意的韓式雞蛋燒，秉持著「做給家人吃」的精神嚴選食材，新鮮現打的麵糊因為不含添加物，無法大量製作、久放，但紮實天然的口感，與樸實的香氣，卻吸引到許多懂吃的粉絲，成為小攤車的忠實主顧。

好樂雞蛋燒店主阿孟跟許多年輕人一樣，畢業後進入大型的公司上班，也曾到日本打工體驗不同的文化，熱愛美食與服務的她，興起了創業的念頭，回國後選擇到台中，加盟連鎖的雞蛋糕，嘗試創業自己當老闆。富有實驗精神的她，對於甜點相當有興趣，認為雞蛋糕的口味可以融入料理的概念，千變萬化，於是她決定跳脫加盟店的限制，回到台北從零開始，建構屬於自己的雞蛋糕攤車，販售心目中的美味。

文青風小攤車，處處流露細節巧思

好樂雞蛋燒的攤車，位於龍山寺捷運站旁的一處騎樓下，「這條街上很多都是有名的老店，幾乎都是販售鹹食，挑選在此就是因為看準有人潮，周圍也沒有同質性的店家，想說這樣應該比較有機會。」阿孟說。喜愛檔車的她以自己的愛駒為 LOGO，訂製烙印棒讓雞蛋糕更添識別度；日式風的攤車運用大量的木質元素，增添溫暖的感受，喜愛木工的阿孟也挽起袖子，為自己的小攤車打造置物架，縱使攤車量體不大，店主用心規劃的細節，仍值得客人在等待美味的雞蛋燒出爐前細細品味。

母女聯手，自創家常菜雞蛋燒

看似簡單的雞蛋燒麵糊，是阿孟從零開始摸索的心血結晶。雖然之前在台中有販售雞蛋糕的經驗，但加盟店的做法是總店提供調製好的現成麵糊，讓加盟者每日依所需數量購買，自然無從拆解配方比例。回到台北後她花了兩個月的時間反覆試驗不同的配方，以分蛋法調製麵糊，現打的麵糊必須與時間對抗消泡的問題，完成品的挺度也不如有添加物來的立體，但口感跟香氣卻都有著卓越的表現，備獲客人肯定。

阿孟透露，母親淑如是好樂雞蛋燒的重要推手，對料理有著無比的熱情，總以最嚴苛的標準挑選食材，也讓好樂雞蛋燒的鹹口味更加豐富有趣。樂於創新的母女倆時常會在開發新口味時，將家常菜改良成為雞蛋燒的內餡，像是魚香杏鮑菇、椒麻雞等口味，都是從阿孟家餐桌延伸到攤車的特色口味。有了母親監製鹹食口味，甜的口味就由阿孟負責，從紅豆餡、卡士達醬或是芋頭都是自己熬煮拌製，為客人創造出豐富多變的選擇。

左／手工調製的奶酥香氣馥郁。右／萬華地區有許多在地的長輩，與車輪餅口味相似的紅豆卡士達則是他們的最愛。

左上／魚香杏鮑菇是阿孟媽媽的拿手好菜，加入雞蛋燒內鹹香又富有嚼感，是好樂雞蛋燒的限定口味。右上／起司雞蛋燒是好樂的人氣王，牽絲的起司與半熟的蛋黃，是鹹食愛好者的心頭好。左下／阿孟特別訂製有檔車 LOGO 的烙印，讓雞蛋燒更具識別度。右下／大方地將整顆蛋放入雞蛋燒內，讓客人從觀看製作的過程中，就開始堆疊吃到嘴裡的期待感。

疫情重創人流調整腳步樂觀面對

　　正當好樂雞蛋燒靠著口碑流傳累積客源，逐漸站穩腳步之際，卻碰上疫情爆發，加上萬華屬於第一波疫情重災區，諸多的考量讓阿孟第一時間選擇自主停業。停業的這兩個月中，她將模具搬回家，除了研發新口味，也開放客人預訂自取雞蛋燒，並同時在網路接單販售自製的蛋白優格燕麥杯，努力在疫情下求生。所幸疫情趨緩，好樂雞蛋燒也在 2021 年 8 月恢復出攤，雖然龍山寺附近人流仍不如以往，但許多老客戶們發現阿孟的攤車出現，顯得相當開心，趁等待雞蛋糕製作的時間與她寒暄，像是關心許久未見的好友，藉由一顆顆手工煎製的雞蛋燒，串起人們相互交流的溫馨情感。

上／阿孟訂製鐵件招牌妝點攤位，為好樂雞蛋燒增添了一股清新的設計感。中／熱愛木工的阿孟為自己的小攤車製做了木製的製物架，疫情期間放上酒精供客人自由取用。左下／攤車本身設計了許多收納空間，可放置不同大小的包材，以及阿孟米擺攤時的隨身物品。右下／印有 QRcode 的木質立牌，讓客人可以藉由社群媒體更了解品牌。

年輕老闆回到家鄉萬華販售韓式雞蛋燒，充滿文青感的小攤車，堅持以新鮮現打的麵糊以及天然的食材，煎烤每一顆雞蛋燒，樸實的滋味征服老小，吸引顧客駐足在攤車前面，等候溫熱香甜的美味。

店主阿孟返鄉在萬華經營好樂雞蛋燒，
每日現打麵糊細心烤製每一顆雞蛋燒。

開店計劃 STEP

2020 年
創立好樂雞蛋燒

品牌經營

成立年分	2020 年
成立發源地	台灣台北萬華區
成立資本額	不提供
年度營收	不提供
車數	1 車
直營／加盟家數佔比	直營 1 車
加盟條件／限制	無
加盟金額	無
加盟福利	無

行動餐車營運

車體	攤車
平均客單價	單價約 NT.20 ～ 60 元
每月銷售額	不提供
總投資	不提供
租金成本	不提供
裝修成本	車體訂製 NT.5 萬元、設備費用 NT.3 萬元
人事成本	不提供
空間設計／改裝公司	店主自行規劃
獨特行銷策略	不定期推出限定口味

商品設計

明星商品	黑糖尬麻糬、起司雞蛋燒、花生麻糬
隱藏商品	魚香杏鮑菇、德腸所願

視覺系浮誇泡芙，人氣甜點店另創外帶小攤車

漫拾泡芙

品牌速記

出沒地區	台北市大安區
經營模式	定點經營，配合附近上班族、學生族群出沒時段訂定營業時段
販售商品	泡芙、可頌

綠色植物與日系造型攤車呼應，成為巷弄內的注目
焦點。Lomo 也特意找來復古造型的吊燈，讓攤車
的日式氛圍更濃厚。

文__程加敏　攝影__Amily　資料提供__漫拾泡芙

位於台北市捷運大安站附近的「漫拾泡芙」，是一家專賣外帶泡芙、可頌的小攤車，店家主打新鮮現做，在客人點餐後才將奶餡填入泡芙或是可頌內，加上布丁、季節水果，華麗的外型與親民的銅板價，馬上就被附近的上班族與學生納入下午茶的口袋清單店家，常常開店不到一小時就完售，想吃上一份還得趕早排隊，才能享受這酥脆濃郁的美味。

漫拾泡芙是原自於捷運中山站人氣甜點店「漫拾」在今年所推出的外帶泡芙專賣店，店主陳宥齊（以下簡稱 Lomo）嗅到大安站一帶有許多上班族與學生客群，從店內產品中挑出適合外帶的泡芙與可頌，作為攤車的主力商品。曾赴日本打工的他，將攤車規劃成日式風格，選用大量的木材元素，搭配上復古造型的吊燈，帆布遮雨棚，搭配上門口的綠色植物，讓別具特色的攤車成為巷弄中的一隅，吸引來往路人的目光，不少人也會在店門口停留拍照打卡。

鎖定客群以銅板價策略吸引消費者

位於中山站的「漫拾」咖啡廳，主打「不限時」的經營策略，讓客人可無壓地品嚐甜點，輕鬆地聊天，美味的甜點也吸引許多上班族團購，讓甜點店時常供不應求，這也讓 Lomo 開始思考除了內用甜點店以外的販售模式。為了試水溫，他決定從外帶小攤車做起，「我觀察附近的上班族與學生，大家除了吃飯之外，也會購買手搖飲，下午茶的預算自然不是問題，只要價錢不高，不用等待很久，就能吸引他們。」夾餡的泡芙與可頌可藉由不同的食材組合變化出豐富的口味，吸睛的外型與親民的價格讓客人們吃好逗相報，常常開店沒多久就必須掛上完售的告示牌。

華麗外型、多變口味滿足甜點人的胃

　　泡芙與可頌這兩個產品共同的特性，最怕的就是餅皮與餡料接觸太久，失去原本酥脆的口感，Lomo 在開店前會將現烤的泡芙與可頌準備好，待客人點餐再填入不同口味的奶餡，組裝配料。漫拾泡芙利用甜點店的優勢，將精緻的口味呈現在商品上，所有的品項都是 Lomo 反覆嘗試調整後的精心傑作。奶餡加入滑順的馬斯卡彭起司，讓奶霜外型立體，味道更香醇；招牌芋泥每日削皮蒸煮，刻意保留顆粒讓口感更有層次，搭配上特製的布丁，讓組裝完成的泡芙視覺上更具華麗感，一口咬下甜而不膩的奶餡與酥脆的泡芙帶給人豐富新奇的食感。Lomo 表示，漫拾泡芙會順應季節食材，推出限定口味，一年四季來到漫拾都可以嚐到時令的美味。由於在街邊販售，雖然設備上有規劃冰櫃，但操作時開關冰箱都會造成溫度流失，為了避免原料變質，他選擇製備少量的餡料，寧可少賣一點，但可以確保品質與新鮮度。

左／芋泥布丁是漫拾泡芙的人氣口味，濃郁的芋泥化在口中，在舌尖上散發出淡淡奶香，受到許多女性客人青睞。中／焙茶奶餡茶香濃郁，透過擠花與布丁的堆疊創造視覺的華麗感，讓這款大人味十足的可頌備受歡迎。右／疫情期間，Lomo 將漫拾泡芙與自己的咖哩飯品牌「農粹」結合，推出加點甜點享有 10 元折扣的優惠。

左／現點現做的方式，可讓客人直接看到組裝的過程，堆疊食用的期待感。右／濃郁巧克力口味，在卡士達中加入苦甜巧克力平衡甜度，整顆吃完也不會覺得膩口。

開店遇疫情，利用外送平台突圍

　　在承租位於騎樓下的泡芙攤不久後，剛好遇到後方店面的空間釋出，Lomo 順勢租下經營品牌「農粹」，販售日式咖哩。疫情升級，衝擊了漫拾泡芙原本仰賴的客群，白領們居家上班、學生停止上課，讓大安區的人流直線下滑，店家坐困愁城。Lomo 藉由外送平台，將泡芙、可頌併入「農粹」的菜單選項中，抓準客人「既然外送費都付了，就順便點個甜點」的心態，加碼推出加點泡芙或可頌折 10 元的優惠吸引客人。這樣的策略與變通手法，讓他在周圍店家一片慘澹的光景下突圍，在疫情期間讓咖哩飯順勢帶動泡芙的銷售。談到未來，Lomo 希望漫拾泡芙能以攤車的形式開枝散葉，讓更多人可以在街邊品嘗到美味的甜點。

左上／組裝甜點的工作檯使用耐熱材質，就算將直接出爐的烤盤放在上頭也不用擔心。右上＋中／為了冰存餡料與烘烤泡芙與可頌，Lomo 在作業區內放置冰箱以及旋風烤箱，特別請師傅配置 220V 的插座。下／為了區隔作業區，Lomo 訂製木作隔板，不僅可以遮蔽設備，同時可讓整體風格更完整。

漫拾泡芙

自甜點店「漫拾」獨立出來的甜點外帶攤車，專售泡芙、可頌，以華麗的視覺效果、豐富的口味擄獲附近上班族、學生族群的心。不定期推出限定口味，給客人不同的驚喜。

店主 Lomo 推出專售泡芙、可頌的甜點外帶攤車，搶攻大安區下午茶市場。

開店計劃 STEP

2021 年
成立漫拾泡芙

品牌經營

成立年分	2021 年
成立發源地	台灣台北大安區
成立資本額	不提供
年度營收	不提供
車數	1 車
直營／加盟家數佔比	直營 1 車
加盟條件／限制	無
加盟金額	無
加盟福利	無

行動餐車營運

車體	攤車
平均客單價	每人約 NT.60 ～ 80 元
每月銷售額	不提供
總投資	NT.20 萬元
租金成本	不提供
裝修成本	攤車 NT.8 萬元、設備費用 NT.7 萬元
人事成本	不提供
空間設計／改裝公司	店主自行規劃
獨特行銷策略	依時令食材推出限定口味；不定期舉辦促銷活動，如：開幕時推出買泡芙送小可頌；與外送平台搭配推出咖哩飯加點泡芙省 10 元的優惠。

商品設計

明星商品	芋頭布丁、濃郁巧克力
隱藏商品	草莓系列（季節限定）

現點即親手沖煮，對味道相當堅持

踩著三輪車，讓咖啡香遊走城市各角落

🍴 Bikafe 共享行動咖啡館

品牌速記

出沒地區	高雄市和逸飯店、高雄寶成企業大樓、高雄鳳山中山路
經營模式	開放連鎖加盟，以定點區域經營為主
販售商品	咖啡

Bikafe 共享行動咖啡館打破傳統咖啡店經營模式，以太陽能環保行動攤車切入市場，特別在三輪車頂部原棚架處架設太陽能板，用來提供營業用所需的電力。

文、整理＿＿余佩樺　攝影＿＿曾信耀　資料提供＿＿Bikafe共享行動咖啡館

每位愛喝咖啡的人,心中總有一家夢想咖啡館存在,然而咖啡館一定得是店面形式?創辦人 Chris 與友人,試圖打破傳統咖啡店經營模式,以「Bike(腳踏車)+ Cafe(咖啡廳)」為概念,創立了「Bikafe 共享行動咖啡館」,以太陽能環保行動攤車形式投入市場,不僅城市裡的每個角落都是咖啡館,還讓咖啡在各地飄香。

咖啡市場的盛行,進而發展出台灣獨有的咖啡文化,再加上近幾年吹起自家烘焙、單品咖啡的風潮,造就愈來愈多懂得喝咖啡的人。Chris 與友人看準這塊市場需求,再加上夥伴本身擁有咖啡生豆、烘焙、技術等資源,為了將資源再活化,從行動咖啡館方向切入,以 Bike(腳踏車)加上 Cafe(咖啡廳)的概念,建構出 Bikafe 共享行動咖啡館這個品牌。

三輪電動攤車切入市場,滿足合法性與靈活移動性

Chris 解釋,那時沒有考量店鋪形式,原因不外乎開一間店的成本相當高,再者也希望打破只能到店享用的形式,轉而成為隨時隨地皆能品嚐的體驗,才會朝移動式載體來進入市場。「當然在投入前也做了許多功課,主要考量加盟主在營業上的合法性以及營業區域的問題,最終以三輪電動攤車作為營業設備,一來降低創業者門檻,二來符合台灣法規同時也可靈活移動營業區域。」

開放連鎖加盟的 Bikafe 共享行動咖啡館,主要招募對象分為兩大類:一為個人創業、二為異業結盟(例如本身開服飾店,想增加額外收入可一起合作),輔以獨家分潤模式注入共享理念。

至於營業地點的問題,Chris 說目前除了台北市有明文規定不可騎乘三輪攤車在馬路上以外,其他縣市均可接受三輪攤車在適合的區域營業,所以在業主欲加盟之前會先行釐清這些問題後,再提出相關合適的因應對策,例如承租固定地點來經營。

攤車強調功能與綠能，不以明火方式煮水

　　以三輪電動攤車作為營業設備，回歸現實面仍需顧及其營業用所需的電力問題，Chris 說，擔心明火煮水帶來的危險性，當初在思考攤車時便決定不以明火煮水，左思右想後，特別研發太陽能的功能以及加熱型的熱水爐，以確保營業上水、電供應能夠穩定，既可免除明火帶來的危險性，又可加速咖啡製作的效率。另外，三輪電動攤車除了受限於水電問題，另儲藏空間也很有限，無論利用其經營運哪一種餐飲，都必須先克服這先天的限制。對此，在設計上不只後廂主體，前廂也要加以運用，可作為其他物的收放處。

上／因為攤車的檯面空間不大，因此利用層疊方式擺放出所需的咖啡豆，一目了然也利於拿取。左下／因為有太陽能板能借助太陽能源將熱水加熱，免除明火帶來的危險性。右下／品牌特別以橘色 LOGO 結合黑、白兩色，研發出自家獨有的外帶杯套。

左／利用前後廂的空間以木層架搭起手沖咖啡的工作檯，當點的數量一多時也能快速出杯應對。右／為了避免備料過於繁瑣，Bikafe 共享行動咖啡館研發上著重單純運用咖啡豆、水、牛奶為主。

　　Bikafe 共享行動咖啡館的攤車走的是工業風，整體外觀以簡約調性來做設計，Chris 強調，這目的在於減少花俏設計的噱頭，既可降低成本也大大提升行車駕馭上的安全度，相對地，也延長攤車的使用壽命。可以看品牌以橘作為代表，這主要源自於信仰，橘色代表 Jesus，因此 LOGO 便以橘色作為主色調，其他則再以黑、白兩色做延伸搭配。

　　目前一台攤車製作大約需要耗費 45 天，在這段時間內總公司會提供完整的教育訓練，以及針對該經營體系所研發出的 SHALOM 市場分析，藉此評估出欲經營區域的可行性，待攤車完成即可正式營運。Chris 說，考量經營重疊的問題，會以方圓 500 公尺做一個基準，讓經營區域不會太靠近。至於在備料上會以營業地點對應來客數決定每天的數量，攤車載滿最大量可達 300 杯。比較特別的是，一年四季最大差別在於夏天，因大多數的消費者會選擇冰飲，在冰塊的準備上就要比較多。

調和的技術與比例，造就多種風味的咖啡

　　正因攤車使用空間有限，在販售咖啡上，也嘗試將經營品項趨於簡單，連帶對應到技術學習、物料準備上就比較不複雜。「咖啡最主要的三大元素是咖啡豆、水、牛奶，透過我們的研發將這 3 種元素，以不同比例調出多種咖啡風味，對營業上來說，材料不會過於繁複。」除了固定的品項以外，也會不定時推出限量的季節性咖啡品項，例如：音樂家系列、藝妓、冠軍系列……等，同樣能媲美實體門市喝到水準以上的好咖啡。

為了確保咖啡的品質，原物料一律由總公司提供並套用 POS 系統來管理原物料配送的數量，一來不會產生囤貨的壓力，二來也能隨時讓消費者喝到最新鮮品質的咖啡。

　　Bikafe 共享行動咖啡館只提供外帶服務，面對這次本土疫情爆發，考量防疫安全，加盟主多自主性暫停營業，但在疫情上尚未爆發之前，品牌也早一步提供外送以及預訂取餐服務，即使在疫情嚴峻期間，尚未影響整體的營運狀況。

車廂主要是店主主要沖泡咖啡的工作檯，由於空間有限，利用內嵌方式將配置放置冰塊的地方，推開蓋子即可舀取冰塊，上面則又再利用木層板架出置放咖啡豆的檯面。

Bikafe 共享行動咖啡館

以 Bike（腳踏車）加上 Cafe（咖啡廳），結合而成的 Bikafe 共享行動咖啡館，打破傳統咖啡店經營模式，輔以太陽能環保行動攤車方式，讓整個城市角落都能成為咖啡館。

Bikafe 共享行動咖啡館的攤車也有提供不加設太陽能板的形式，整體費用就會相對比較低。

開店計劃 STEP

2019 年
成立 Bikafe 共享行動咖啡館品牌，
並開放加盟

品牌經營

成立年分	2019 年
成立發源地	台灣高雄市
成立資本額	不提供
年度營收	不提供
車數	3 車
直營／加盟家數佔比	加盟 3 車
加盟條件／限制	不限
加盟金額	零加盟金、授權金、權利金
加盟福利	提供教育訓練

行動餐車營運

車體	三輪電動攤車
平均客單價	不提供
每月銷售額	不提供
總投資	不提供
租金成本	不提供
裝修成本	不提供
人事成本	不提供
空間設計／改裝公司	不提供
獨特行銷策略	不提供

商品設計

明星商品	單品咖啡、特調咖啡
隱藏商品	無

打造非典型章魚燒餐車！

成為都市叢林裡，一抹神秘黑影

🍴 ONE-R 章魚燒

品牌速記

出沒地區	實體店面／高雄市苓雅區文武三街 51 號；週六、日快閃各大市集
經營模式	經營餐車時期不定時，每日公布於臉書粉絲專頁；現實體店面營業時間為週一至週六 13:00～20:00
販售商品	章魚燒、煎蛋、飲品

如今「ONE-R 章魚燒」已成立實體店面，門口仍擺放當年四處叫賣的三輪餐車，記念那段流動歲月。

文＿郭慧　攝影＿曾信耀　資料提供＿ONE-R章魚燒

一顆顆鹹甜涮嘴、洋溢濃濃海味的章魚燒，是許多人童年逛夜市時的美好回憶，ONE-R 章魚燒主理人朱威也是如此。有趣的是，朱威不只愛吃，更從 20 歲開始，便創業販賣他最愛的章魚燒；創業 13 年後，他更以樸素三輪餐車取代舊有路邊攤，並以「ONE-R 章魚燒」之名重新出發，誓言以最獨特的姿態，為城市帶來不同流俗的美味！

說起這段「棄攤從車」的往事，朱威笑道，2017 年時，他已經營路邊章魚燒攤位長達 13 年，雖說章魚燒的經典滋味，早已擄獲社區居民的味蕾；然而，他也發覺固定攤位的形式，讓他只能接觸到固定的客群，無法向更多街角巷弄走去。正在此時，朱威在朋友介紹下，參觀了販售三輪車的店家，更一眼定情，決心買下眼前那台三輪車，將章魚燒的美味，載到城市的街頭巷尾。

以攤販熱情吆喝聲為靈感，打造新品牌「ONE-R」

買下三輪車只是個開始，如何讓三輪車變身為章魚燒餐車，又是一番大工程，而這項浩大工程的第一步，便從重整品牌開始。朱威表示，過去自己經營的章魚燒路邊攤，與尋常章魚燒攤販看起來並無二致；然而，決定改採餐車形式經營後，他便決定為品牌改頭換面，打造出獨特、吸睛的視覺印象。「首先在品牌名稱上，我從『丸仔』的閩南語諧音發想，命名為『ONE-R 章魚燒』，中間的橫線就像是攤販吆喝時拉長音一般；至於視覺風格上，我想要與傳統章魚燒攤做出區隔，便從自己偏愛的工業風出發，以工業風、灰黑、仿舊為主要概念，跟設計團隊溝通，希望打造出有別於既往的獨特章魚燒餐車。」朱威說道。

然而，車子外型可以商請設計團隊協助，車內設備該如何打理，箇中關竅卻得從朱威販賣章魚燒的經驗中汲取。對此，朱威則表示，自己經營章魚燒生意已久，對於器材、動線等再熟悉不過；而三輪車與攤販最大的不同之處，便在於可容納空間狹窄，每一寸空間都得細細思量，這項「縮小工程」

才是挑戰之所在。「當箱體極小時，可能差個 1 公分，設備就放不進去了。」為此，朱威只得將烤盤從 4 個鐵盤變成 3 個鐵盤，醬汁保溫桶等也得變為縮小版。經過一番「毫釐必較」的丈量、設計，才能讓這台三輪車，真正成為麻雀雖小，五臟俱全的行動餐車。

除了車體、設備需要仔細思量之外，為了讓 ONE-R 章魚燒走出章魚燒餐車的新道路，朱威也重新構思菜單。經過一番思考與測試後，朱威決定除了販售定番口味「經典章魚燒」之外，也推出明太子章魚燒、墨魚章魚燒等特殊口味；另外，同樣能以圓形鐵盤製成的小肉豆煎蛋、蟹蟹起司蛋等煎蛋料理，也成為主力產品之一。

從發名片、跑市集開始，點滴累積出高人氣

在品牌、車體、菜單設計完成之後，ONE-R 章魚燒便正式上路。原以為自己騎出了夢想之路，沒想到卻是一連串挑戰的開始。原來，ONE-R 章魚燒素黑的外表，雖說風格獨特，卻也常讓人摸不清老闆葫蘆裡賣的是什麼，導致許多顧客走過路過，卻也只是錯過。「當時也有很多路過的老人家跟我說：『少年仔，你這樣不行啦，你要寫大大的『章魚燒』、插個旗子，大家才知道你在幹嘛。』我知道這是長輩的好意，但也覺得，如果改成那樣的話，就不是我自己想要的東西了。」朱威神情認真地說道。

左／墨魚明太子章魚燒是 ONE-R 章魚燒熱賣的人氣餐點。右／除了章魚燒之外，ONE-R 章魚燒也推出「蟹蟹起司蛋」、「小肉豆煎蛋」等料理，備受好評。

朱威以工業風為主軸,透過灰黑主色調、仿舊質感,打造出獨特章魚燒餐車。而這樣的設計風格,後來更延續到實體店面中。

　　為了讓 ONE-R 章魚燒維持自己心中的模樣,同時解決客源難題,朱威努力地向行人遞上名片,熱情介紹 ONE-R 章魚燒品牌,發完上百張名片後,才逐漸獲得人群駐足。與此同時,朱威也發現全台各地市集文化蓬勃發展,便騎著 ONE-R 章魚燒餐車到各大市集擺攤,漸漸累積一群死忠支持者,後來各地市集籌備時,主辦單位更常主動邀約朱威出攤,希望能將高人氣的 ONE-R 章魚燒帶到自己的市集裡。

　　時至如今,ONE-R 章魚燒已名列許多章魚燒控心中的朝聖清單,而朱威則為了讓 ONE-R 章魚燒無論晴雨,皆能起灶,選擇在 2019 年時落腳高雄市苓雅區一角,更在 2021 年開設善化直營店,讓更多人品嚐到 ONE-R 章魚燒的好味道。即便如今已採為實體門市經營,ONE-R 章魚燒店門口仍停駐著當年那台小小三輪車,紀念這美好的流動歲月。偶爾在市集活動上時,朱威仍會騎著那台三輪車,以「市集限定」的模式,延續三輪餐車的美好故事。

左上／朱威經營章魚燒生意已久，對於動線設計相當熟悉，設計餐車時，也透過標牌指引人流。右上＋右下／朱威表示，從路邊攤變成三輪餐車時，最具挑戰性之處，在於為適應迷你箱體，「一切都得縮小」。左下／配合三輪車的狹窄空間，朱威特意將烤盤從4個鐵盤變成3個鐵盤。

ONE-R 章魚燒

ONE-R 章魚燒主理人朱威。

2017 年創立的「ONE-R 章魚燒」，取名源自「丸仔」的閩南語諧音。除了大家習慣的經典口味章魚燒之外，「ONE-R 章魚燒」更推出明太子章魚燒、墨魚章魚燒等特色料理，收服饕客的心。

開店計劃 STEP

2017 年
創立 ONE-R 章魚燒

2019 年
改為實體店面

2021 年
創立善化直營店

品牌經營

成立年分	2017 年
成立發源地	台灣高雄
成立資本額	不提供
年度營收	不提供
車數	1 車
直營／加盟家數佔比	直營 1 店
加盟條件／限制	無
加盟金額	無
加盟福利	無

行動餐車營運

車體	三輪車
平均客單價	每人約 NT.70 ～ 100 元
每月銷售額	不提供
總投資	NT.20 萬元以上
租金成本	無
裝修成本	車體費用及加裝電控設備 NT.12 萬元、車體改裝 NT. 4 萬元、設備費用 NT. 4 萬元
人事成本	不提供
空間設計／改裝公司	不提供
獨特行銷策略	定期配合餐車市集活動，增加超過 50% 業績

商品設計

明星商品	墨魚明太子章魚燒
隱藏商品	雙拼

遵循古法，傳承經典記憶與美味

文青攤車賣懷舊古早味點心

🍽 行行狀元糕

品牌速記

出沒地區	台中勤美誠品草悟道、台中雅潭夜市（不定期），出車日期與地點依臉書公告
經營模式	於固定區域出攤，不定期參與市集活動
販售商品	狀元糕

為了讓攤車主力商品一目瞭然，阿玩哥訂製了印有狀元糕字樣的布旗，加深攤車整體的視覺印象。

> 狀元糕，是台灣早期的傳統點心，在物資匱乏的年代，能吃上一口對孩子們來說就是人間美味，「行行狀元糕」老闆曾稚倬（以下簡稱冏玩哥）特地南下拜託已經退休的師傅傳授製作狀元糕的秘訣，堅持每天從磨米開始製作原料，將存在於老一輩人記憶中的傳統點心，用創新的文青風攤車重新演繹，以一顆顆潔白的狀元糕，連結不同的世代，讓更多人品嚐到這香甜軟糯的古早味。

印著行行狀元糕等字的帆布旗，讓冏玩哥的攤車多了股日式的文青味，炊製狀元糕的霧氣氤氳，讓小小的攤車如同霍爾的移動城堡，在整排攤販中更顯得獨特。冏玩哥熟練地將米粉填入模具中，有條不紊地加入配料，讓旁觀者如同欣賞一場表演，隨著狀元糕一顆顆炊製完成，心中的療癒感也被堆疊加深。冏玩哥曾於日商服飾品牌服務多年，熱愛自由的他萌生了自己創業的想法，兒時在路邊等待狀元糕的回憶湧上心頭，狀元糕在市場上的獨特性，讓他看見商機，於是在家人的引薦下，找到已經退休的師傅，從零開始學習。他與妻子以「行行出狀元」的美好寓意為發想，為品牌取名「行行狀元糕」，展開自己的創業之路。

拜師學藝，照起工製備食材

狀元糕材料簡單，只有米、花生粉、芝麻粉、糖等配料組合而成，然而越是簡單的東西，要做好就越不容易。「我的師傅在高雄，原本已經退休了，但他也覺得這個東西（狀元糕）沒有人傳承很可惜，因此便收我為徒，手把手地教。」冏玩哥指出，狀元糕用的是澱粉質較低的在來米，每天製備時都必須從磨米開始，將米漿內多餘的汁水壓出，形成「粿脆」，再將粿脆過篩壓散，才能得到製作狀元糕的基本原料「米粉」。

他花了一個多月的時間，天天與高達 300 度的蒸氣搏感情，才掌握製作的訣竅，「在學的時候都不知道丟掉多少原料，米粉跟料都要下得恰到好處，才能製作一顆完整的狀元糕」，粉下太少會使得糕體結構鬆散，無法成形；粉多則會佔去放料的空間，吃起來味道不夠，練習與經驗是製作成功的關鍵。

街頭擺攤，創造趣味生活故事

　　冏玩哥的攤車是第一個擁有街頭藝人證照的攤車，為了豐富攤車品牌的文化意涵，他報考街頭藝人的「傳統工藝類」，順利取得街頭藝人的證照，因此也獲得可以在台中勤美誠品草悟道擺攤的資格。在草悟道擺攤，讓他遇見了來自海內外的客人，藉由小小的狀元糕，創造了許多不同的故事，「許多老人家看到狀元糕會覺得很懷念，也會跟自己的孫子介紹這是他們以前常吃的點心」，許多媽媽會在考試前帶小孩來吃，希望藉由狀元糕的美好寓意，讓考試更順利。冏玩哥除了對狀元糕的由來倒背如流之外，也從外國的客人口中得知不同國家的特色飲食文化，「有華人的國家，也會有類似的小吃，像是新加坡的叫做嘟嘟糕，做成比較扁的形狀，相當有趣。」

行行狀元糕所使用的花生與芝麻，都是冏玩哥自己炒製研磨，確保風味與新鮮。

左上／龍眼木製成的模具，讓狀元糕炊製時還能嗅到木頭的清香。右上／不同於傳統的圓形模具，囝玩哥向木工師傅訂製六角形的模具，讓操作時更方便拿取。左下／電動車體設計，讓囝玩哥在出攤的移動過程中，可更省力，但由於改裝過的車體結構改變，使用上必須更注意安全。右下／行行狀元糕的 LOGO 融入稻穗圖樣，呼應製作狀元糕的原料─在來米。

靠天吃飯，盼疫情早日過去

　　做攤車生意，看似自由寫意，但私下的辛酸卻不足為外人道，囝玩哥分享，由於每次出車都必須騎著攤車從家裡移動到擺攤地點，天氣便成為他最大的考量，為了怕雨水影響攤車的電路系統，曾在騎樓下躲了 5 個小時，等雨停才順利回家；疫情期間平常定期擺攤的草悟道因為是政府所管轄的場地，遲遲等不到可以出車擺攤的消息，這段期間他在網路上接單為客人服務，也接包車活動、前往夜市擺攤。

　　採訪當天許多熟客發現囝玩哥的身影，便趁著排隊前趕緊點餐，利用製作的時間溜去別攤採買，抓準狀元糕炊製完成的時間，享受現蒸的甜蜜古早味。談到未來，囝玩哥希望能有機會購入小貨車，可載運餐車往返擺攤地點，讓更多人有機會認識行行狀元糕。

圖片提供＿行行狀元糕

左上／車體除了放置產生蒸氣的鍋爐外，仍有許多空間可以收納擺攤所需的物品。右上＋中／攤車上的公仔，除了擺飾的功能之外，還能吸引小朋友的注意，以防小手誤伸過來，遭高溫的蒸氣燙傷。下／岡玩哥也會參加特色市集，與其他文創攤位共襄盛舉。

行行狀元糕

阿玩哥以年輕人的創意與匠人精神，讓狀元糕這個傳統點心走入更多年輕人的生活中。

老闆阿玩哥向老師傅拜師學藝，以文青風格的三輪車，重現經典的古早味點心—狀元糕。堅持每天磨米，以匠人精神細心炊製每一顆狀元糕，他的餐車也是全台灣第一台擁有街頭藝人證照的三輪攤車，藉由販售古早味，傳承台灣的飲食文化。

開店計劃 STEP

2018 年
創立行行狀元糕

品牌經營

成立年分	2018 年
成立發源地	台灣台中西區
成立資本額	不提供
年度營收	不提供
車數	1 車
直營／加盟家數佔比	直營：1 車
加盟條件／限制	無
加盟金額	無
加盟福利	無

行動餐車營運

車體	三輪車
平均客單價	單價約 NT.50 ～ 80 元
每月銷售額	不提供
總投資	不提供
租金成本	不提供
裝修成本	車體 NT.10 萬元
人事成本	不提供
空間設計／改裝公司	LaRue 文創設計
獨特行銷策略	臉書經營粉絲團，與客人互動

商品設計

明星商品	芝麻口味、花生口味
隱藏商品	椰子口味

不定期出沒活動場合，用美食與人交心

🍴 Mundane 沒有靈魂的餐車

品牌速記

出沒地區	音樂祭、浪人祭、沙雕藝術季……等，出車日期與地點依臉書公告
經營模式	流浪式經營
販售商品	飯類料理、炸雞

沒有靈魂的餐車是購自二手車後，再由 Issac 委託友人改裝完成。車體外觀是以彩繪方式呈現，從前到後，甚至部分車頂都有做繪製，期望在鮮明的色澤與圖案的表現下，達到吸睛效果。

擔任廚師多年，一直以來心中就是希望能開一間行動餐廳，從廚房後場走向城市裡的街角巷弄，將喜愛的美食與讓更多人分享，2019 年的一個契機，洪聖超（Issac）創立了「Mundane 沒有靈魂的餐車（以下簡稱沒有靈魂的餐車）」，以一種不期而遇的方式透過美食與人交流，也傳遞食物的好味道。

過去一直擔任廚師工作的 Issac 認為生活不該一成不變，或許就是這種喜歡求變化、好挑戰的個性，開一間行動餐廳的念頭很早就在他心中萌芽。「我自己是個很喜歡到處跑的人，過去的廚師生涯中也待過各式各樣的料理餐廳，曾想過若有天自己創業，希望能更有多的彈性與變化，餐車經營正好很符合我的需求。」為了更加確定經營餐車之路，他先赴「Def 的流浪早餐車」擔任幫手，歷經半年的歷練，Issac 不只學到餐車在經營上的大小事，也更加確信這就是他想做的事。

以彩繪裝飾車體，以鮮明的畫風吸引目光

決定投入餐車經營，首要便是車子的選擇，幾經評估後，以二手車結合自行改裝為主。Issac 説，那時剛好有一對夫妻朋友，先生擅於木工，太太則精於彩繪，於是就委託他們來幫忙做餐車的設計與改造。過去待在廚房的經驗，讓他很快地就詳列出車體內部的需要，友人按所需規劃出煎檯、油炸區、製作區等，特別是煎檯所需的瓦斯爐區塊也一併納入，空間有限下以伸縮板衍生出彈性的工作檯面，當這些都展開時，Issac 只要站於中央，藉由手的移動或是只要轉個身，就能即時找到、進而拿取食材，接著快速完成並出餐。

至於在車體的設計上，以彩繪方式做呈現，希望透過特殊、鮮明的畫風吸引目光，「老實說那時多少也有點擔心，因為車子需要常在外跑，日曬加上風吹雨淋的，很怕彩繪圖案會因此脫落，所以在前期經營時，有特別找具遮蔽功能的停車位，或許是彩繪也漸漸定著於車體上，至今仍維持得還算不錯。」Issac 說道。

透過眾人熟悉的米食傳遞獨特味道

沒有靈魂的餐車最初是由 Issac 與友人一起創立，那時兩人思索當工作環境從廚房換到行裝車體上時，該如何在有限的空間製作出料理？在滿足快速且不失美味原則下，最終兩人以潛艇堡作為主要販售品項，一方面結合過去所長，二方面車體的環境也足以應付。開業兩個月後，在部落客的介紹下，讓沒有靈魂的餐車逐漸被市場看見，獨特的口味，搭上嚼勁的麵包，美味度和紮實度都讓不少饕客都給予媲美美式餐廳味道的肯定。

（圖上）美式脆薯、唐揚炸雞；（圖下）日式牛肉飯。

車子經過重新改裝後規劃了煎檯、炸區等,也利用一些畸零空間設計出收納、工作檯,甚至也搭配伸縮板,當全部展開時,能提供 Issac 完備的工作空間,快速料理與出餐。

　　但喜好求變化的 Issac,不單只想用潛艇堡滿足客人的味蕾,於是他順從內心想做出更多類型料理的想法,選擇與友人拆夥。再次出發的他,帶著飯食料理重新與大家見面,Issac 說,「過去賣潛艇堡時,一直很難與客人介紹什麼是潛艇堡,但『米飯』是你我從小到大都熟悉的食物,不用多做解釋,就能讓消費者知道『沒有靈魂的餐車』究竟在賣什麼,再透過口味的加持,也就能讓大家對品牌留下記憶點。」每一次出車,Issac 都希望藉此讓大眾認識不一樣的味道,好比近期他剛學會了斯里蘭卡料理,2021 年有機會出車至新北市淡水雲門劇場時,就特別推出了「斯里蘭卡咖哩飯」,獨特的香料氣味,再加上他特別挑選桃園在地小農的糙米,讓人們透過熟悉的米食嚐到獨特的味道。

從活動經營中走出自己的一條路

　　求變化的性格也讓 Issac 在餐車經營中摸索出自己的一條路,相較於路邊經營,他更喜歡出沒在各大活動中,例如音樂祭、浪人祭、沙雕藝術季……等,「跑活動時,販售商品可以很多樣、多變,有時是自己構思,有時則是因活動主題去發想,正因為它不會一成不變,是我自己很想走的經營方向。」

除此之外，他也接一些企業、粉絲應援包車的活動，用限定美食與更多人交心、交流。

　　問及這一路的經營，Issac 說選擇投入餐車必須要有很強的抗壓性，這一路歷經拆夥、重新開始，再次開始後又遇上疫情的接連攪局，但他仍持續在努力著，不僅拿到丙級廚師執照，也學了斯里蘭卡料理。隨著疫情逐漸趨緩，各地活動如雨後春筍般回歸，而他也將繼續開著沒有靈魂的餐車，走入各個城市，以美食與人互動，也傳遞食物的好味道。

車體的對側也利用空間配置了擺放瓦斯爐的空間以及收納層格，供 Issac 可擺放一些盛裝容器之用。可以看到友人利用一些木作元素做裝飾，不規則的木料組成更添手作溫度。

身為廚師的洪聖超（Issac），夢想是開一間行動餐廳，2019 年選擇創業並開設了 Mundane 沒有靈魂的餐車，目前以販售飯食料理為主，始終堅持只以可食用的材料來製作料理。

Mundane 沒有靈魂的餐車創辦人 Issac。

開店計劃 STEP

2019 年
成立 Mundane 沒有靈魂
的餐車

品牌經營

成立年分	2019 年
成立發源地	台灣桃園市
成立資本額	約 NT.40 萬元（Issac 與友人）
年度營收	不提供
車數	1 車
直營／加盟家數佔比	直營 1 車
加盟條件／限制	無
加盟金額	無
加盟福利	無

行動餐車營運

車體	餐車
平均客單價	不提供
每月銷售額	不提供
總投資	約 NT.40 萬元（Issac 與友人）
租金成本	不提供
裝修成本	約 NT.25 萬元（購車含改裝）
人事成本	不提供
空間設計／改裝公司	WeiLi Soul 維勵説
獨特行銷策略	無

商品設計

明星商品	不提供
隱藏商品	不提供

結合夢想與事業，DJ 街頭賣黑膠造型堡

🍴 SKRABUR 黑膠漢堡

品牌速記

出沒地區　餐車／不定期；店面／台北市信義區基隆路一段 145 號

經營模式　已開設店面，餐車多以活動邀約、街頭快閃為主

販售商品　黑膠牛肉漢堡、黑膠雞腿漢堡、滑板牛肉漢堡、滑板雞腿漢堡

象徵嘻哈文化的黑色元素與獨特的海豹 LOGO 光是停在路旁，就成功吸引了路人的目光。車體內裝走工業風，鐵件置物架與鎢絲燈泡的配置兼具實用機能與設計感。

全黑的餐車，放著嘻哈的音樂，加上煎檯飄出的陣陣肉香，成為街頭最醒目的焦點。「SKRABUR 黑膠漢堡」創辦人鄭博文（以下簡稱 Clancy），以推廣刷碟文化為初衷，創業初期出沒在各大校園周邊，販售原汁原味的美式漢堡，以黑膠唱片為靈感的黑色漢堡造型吸睛，咬在口中肉汁噴發，讓許多人一試就愛上，成為死忠粉絲。幾年下來，藉著頻繁地出車累積知名度與聲量，2020 年終於在信義區插旗成立店面，拓展美食事業版圖。

為了夢想你願意付出多少？ Clancy 熱愛 DJ 與嘻哈文化，曾一度想以 DJ 為主業，考量到現實與生涯規劃，他毅然決然地休學與朋友一同創立 SKRABUR 黑膠漢堡，以美食為媒介，同時也將自己的興趣與事業結合，投身推廣 DJ 與嘻哈文化的行列。這台自帶 DJ 刷碟設備的黑色漢堡餐車，很快地在社群媒體以及年輕族群間掀起話題，為了吃到這不定時出沒的美味，很多粉絲都會「追車」，鎖定粉絲專頁的公告行程，特地前來一飽口福。

結合興趣，縝密規劃美味藍圖

「我花了一年的時間，去分析客群、思考品牌定位與規劃。」Clancy 大學時期就跑去學 DJ，也時常有演出的工作機會，課餘時間則在餐飲業工作，他想，何不把自己的興趣與工作結合創業呢？若能開著餐車，放著喜歡的音樂，販售自信烹調的食物，與客人交流，那就能實現在工作中找到樂趣的夢想。Clancy 雖是八年級生，但卻對創業的每一個細節都相當要求，他為此特別製作了一本計畫書，清楚地寫出餐車的客群、主打商品、品牌訴求，同時也為自己的第一份事業提出短期、中期、長期的規劃與目標，成功說服身邊的人，贏得支持踏上創業之路。

講究食材，成就黑色美味漢堡

　　過去在餐飲業工作的經歷，成為 Clancy 創業時的養分，「我從一開始就沒有想過要做原色的漢堡，黑色的麵皮讓漢堡看起來就像是兩塊黑膠唱片。」他透露自家的漢堡除了加入竹炭粉增色之外，還加入了可可粉增添香氣，能豐富漢堡在氣味上的層次，是經過反覆調整配方後的精心傑作。除此之外，牛肉漢堡排堅持手拍成型，雞腿肉先剃出小骨頭，片薄均勻厚度，醃漬入味，當主角們碰上高溫的煎檯，吱吱作響的聲音與誘人的氣味，讓路人們都不由得放下手機、停止交談，以視線搜尋香味的來源。

完美動線，一人出車也 OK

　　小小的黑色餐車，蘊含了 Clancy 對於品牌的細節以及巧思，他將小貨車重新烤漆，改裝為歐翼車廂，品牌的 LOGO 靈感源於黑膠唱片「SuperSeal」的海豹造型封面，光是將餐車開在街頭，就相當具有吸睛效果。「我的設計就是盡量簡化動線，思考如何以最有效率的方式出餐。」Clancy 深知自己的客群不管是上班族或是學生，都希望可以快速地拿到食物，他將車體一分為二，僅使用其中一邊作為出餐動線，另外一邊可儲放瓦斯桶以及存放食材的冰桶，從右而左安排了煎檯、配料區、出餐區，順暢的

左／從創業構想初期，Clancy 便決定不用原色漢堡，而是以黑色麵皮為主，從商品開始融入黑膠的元素。右／店面除了餐車販售的漢堡外，以套餐的形式提供顧客更多的選擇。

左/想增加飽足感，可加點雙份肉，大口咬下的不是肉，是滿足。右/歐翼車體將車廂空間一分為二，一邊作為工作檯，另一側則可發揮置物功能，由於長期在戶外活動，車體結構有特別加強防鏽處理。

動線就算是一人出車，也能完美勝任出餐工作。問到下雨是否是餐車業者的噩夢，Clancy 則分析，車體的歐翼展開可以滿足擋雨的需求，下雨天反而可以吸引到辦公大樓內的上班族，因為不用跑遠，下樓就可以買到午餐，反而是餐車的一種優勢。

疫情下求生，發展多元經營模式

　　Clancy 一步一腳印，照著創業時規劃的藍圖，在 2020 年時從餐車跨足店面，以原有的漢堡為基礎，提供顧客更完整、精緻的套餐選擇。店面的廚房也成為餐車出車前的食材製備基地，讓整體作業流程更方便。延續品牌時常與不同產業聯名的精神，曾與歌手鄧福如合作，推出限定的「42 號套餐」，和 Youtuber 廚師漢克 -Hank Cheng、Ting's Bistro 克里斯丁，推出口味獨特的手撕豬肉漢堡，都讓品牌能見度更高。

　　店面剛開設不久就碰到疫情衝擊，Clancy 為了伙伴的健康與安全只好先暫停所有的出車計畫，所幸有店面，因此能藉由外送平台維持整體營運，店面的部分也推出「每日幸運單號」的活動，為點餐排序為幸運號碼的客人免費升級套餐。即使有了店面，Clancy 表示 SKRABUR 黑膠漢堡仍會保持初心，以活動邀約、快閃的方式出車，如此一來不僅可以達到宣傳的效果，也能持續與更多人分享自己熱愛的嘻哈文化。

上／考量到漢堡組裝程序，設計一字型出餐動線，就算一人出車也能有效率地出餐。中／歐翼車體展開可遮風擋雨，就算遇到下雨天客人也能站進車尾空間暫時避雨，等候取餐。下／店面延續餐車俐落、率性的風格，販售美式速食。店內展示 Super Seal 黑膠唱片，品牌 LOGO 融入海豹的形狀與紅色披風，更添識別度。

SKRABUR 黑膠漢堡

將美式漢堡與 DJ 嘻哈文化結合，自 2016 年起出沒在台北街頭，販售以黑膠唱片為靈感的黑色漢堡，結合 DJ 台與餐車的創新模式，深受年輕人喜愛。有黑膠漢堡出沒的地方，就少不了嘻哈的音樂，與食物誘人的香氣，品牌在 2020 年從餐車走向實體店面，延續推廣嘻哈文化的精神，販售精緻、道地的美式速食。

Clancy（右）以美食推廣自己熱愛的刷碟以及嘻哈文化，創立 SKRABUR 黑膠漢堡。

開店計劃 STEP

2016 年
創立 SKRABUR 黑膠漢堡餐車

2020 年
SKRABUR 黑膠漢堡於信義區插旗開設店面

品牌經營

成立年分	2016 年
成立發源地	台灣台北
成立資本額	不提供
年度營收	不提供
車數	1 車
直營／加盟家數佔比	直營 1 車
加盟條件／限制	無
加盟金額	無
加盟福利	無

行動餐車營運

車體	餐車
平均客單價	每人約 NT.100 ～ 150 元
每月銷售額	不提供
總投資	不提供
租金成本	無
裝修成本	車體改裝 NT.40 萬元、設備費用 NT.5 萬元
人事成本	不提供
空間設計／改裝公司	店主自行規劃
獨特行銷策略	與不同產業合作，推出聯名活動

商品設計

明星商品	黑膠牛肉漢堡、黑膠雞腿漢堡
隱藏商品	未來肉漢堡（需事先預訂）

外酥內軟煎起司、特調醬料快速圈粉

秉持職人精神做出令人安心的漢堡

🍴 附近漢堡 Nearby Burger

品牌速記

出沒地區	出車日期與地點依臉書公告
經營模式	流浪式經營，每次出攤約早上11點～下午2點，每週有2～3天的備料日
販售商品	漢堡、杏仁茶

為傳達日式職人精神，附近漢堡車體以杏仁色烤漆，配上隨興粗獷的手寫感招牌，打造日式溫馨氛圍。

　　文＿許嘉芬　攝影＿江建勳　資料提供＿附近漢堡Nearby Burger

每次出車總是吸引人潮的「附近漢堡 NearbyBurger」（以下簡稱附近漢堡），老闆吳浩永（以下簡稱大砲）和洪詩涵（以下簡稱詩涵）從開餐廳轉戰餐車，希望能將親手製作的餐點提供更多人品嚐，以厚切煎起司、莓果花生醬、剝皮辣椒莎莎醬等獨特口味擄獲大家的胃，想配點飲料還有手磨現煮杏仁茶，讓人留下深刻印象。

　　在餐車界有著網友們極高評價的附近漢堡，雖然成立僅約 3 年左右，且沒有固定的出車地點，但只要每個禮拜在臉書粉絲團公告一週餐車位置，還沒到出車時間，就可以看見排隊等候的人潮，為的就是大砲現煎現做的漢堡。其實，這已經不是大砲第一次創業，在 28 歲那年開了人生第一家餐廳，隨著生意穩定、想把事業做大的夢想，陸續更找了股東入股、開分店，後來因股東們的理念不合，毅然決然將 4 間餐廳結束營業或轉賣其他股東。

拒絕現成品，堅持手作傳遞食材原始風貌

　　沉澱一段時間後，大砲和夥伴詩涵決定選擇做餐車重新出發，「以前開店沒辦法到處跑，還要管理員工的各種問題，餐車的時間、移動相對自由彈性，反而可以到許多不同的地方，親手做料理給更多人吃。」詩涵說道。對於餐車的選擇，兩人認為美式餐車的優點是車體夠大，而且能站在裡面料理，但回歸到現實面，台灣道路普遍偏小，大台車難以到處出車，除非商借私人場地，但執行上也比較困難，所以最後決定以一般貨車改裝餐車，達到他們想要穿梭在城市裡的感覺。

　　至於為什麼以漢堡為主要販售品項，一方面考量過往餐飲學習經驗，漢堡是其中拿手品項，加上可以拿著就吃、有種野餐的感覺，同時他們也堅持在肉品、蔬菜、麵包和起司這 4 個看似簡單的食材上更加用心，譬如麵包是

大砲寫配方委託烘焙師傅製作的全麥口味，咬起來有麥子的香氣，口感也比較紮實有彈性，連酸黃瓜這種普遍店家選擇購買現成品的配料，他們也堅持親手製作，同時還包括調配剝皮辣椒莎莎醬，牛肉當然更是手打完成。從食材採購到處理，兩人皆親力親為，儘可能保留食材原始風貌製作每一個漢堡，也由於備料過程費時，每次出車時間有限，準備的食材大約僅能販售 2～3 小時。有趣的是，一般吃漢堡都是配汽水，但附近漢堡提供的卻是杏仁茶，除了健康、去油膩之外，同樣出自他們希望淘汰現成產品的初心，所以都是出車當天上午現磨杏仁、熬煮，提供新鮮無添加的杏仁茶。

餐車動線帶入餐廳的內外場概念，一側為煎檯內場，另一側是飲料與點餐結帳的外場，杏仁茶左邊的格柵內則隱藏了瓦斯桶。

左／煎起司牛肉漢堡是附近漢堡的招牌,把切得厚厚的起司煎得外脆肉軟,特殊的美味口感,是許多人點餐首選。右／剝皮辣椒莎莎醬(右)是另一款獨特的口味,從醬料製作到手打牛肉都是親力親為完成。

內外場動線規劃,料理出餐更有效率

　　不只漢堡吸引人,在餐車車體、LOGO 設計上,跳脫過往大家對漢堡餐車多以「美式風格」為主,附近漢堡選用的是杏仁色外觀搭配木頭材質,營造日式溫暖的氛圍,藉此呼應倆人期望傳遞以職人精神製作每一份餐點的初衷,線條勾勒的 LOGO 圖形,則是象徵餐車行駛在街道意象,紅色圓點代表附近漢堡所在地,而「附近」命名,也意味著他們隨時會出現在大家身邊。車體內部規劃,則帶入餐廳的內外場概念,一側是煎檯、露營用保冰箱放置食材,另一側為飲料、點餐結帳,煎檯需要的瓦斯就藏在格柵櫃子內,電力問題主要使用電池式發電機,大約可提供 3 ～ 4 小時電力。

　　從經營餐廳到投入餐車,兩人不諱言既勞心又勞力,以前有夥伴幫忙做,現在從頭到尾都是自己來,出車位置也必須考量很多因素,車流量多可能造成困擾,也許被周遭住戶抗議等等,以出車 3 年的經驗來說,寬敞的空間反而比較恰當。而決定是否出車的最大原因,更是天氣,畢竟餐車都在戶外,遇到颱風天、暴雨也只能臨時休息。最近雖歷經疫情警戒,但反倒許多遠距上班的民眾,因為附近漢堡出車位置離家近,讓訂單或現場購買的人變多,且一次訂購量也增加,面對未來,仍希望持續到不同城市做出令人安心又美味的漢堡。

左上／LOGO 的線條代表街道，紅色圓點即是附近漢堡所在，代表他們隨時出現在大家身邊。右上／取名為附近漢堡，是希望能穿梭在大街小巷，隨時出現在大家附近、身邊。左下／右邊的露營用冰箱主要提供食材保冰，左邊的水箱則作為清洗煎檯、抹布使用，販售結束時，兩人會先簡單將煎檯、點餐檯清潔，回去後再做一次完整的清洗。右下／漢堡皆為現點現做，全麥麵包也會以煎檯加熱，選用全麥口感更為紮實有彈性。

附近漢堡 Nearby Burger

成立於 2018 年，主打販售手工漢堡與新鮮現煮杏仁茶，其中煎起司牛肉漢堡為招牌，另外更提供同樣親手調製的花生醬配上莓果果乾更增添風味，與剝皮辣椒莎莎醬牛肉漢堡，以獨特口味建立差異化與特色。

附近漢堡是大砲與詩涵一起共同創立。

開店計劃 STEP

2018 年
創立附近漢堡

品牌經營

成立年分	2018 年
成立發源地	台灣台北
成立資本額	約 NT.40 ～ 50 萬元
年度營收	不提供
車數	1 車
直營／加盟家數佔比	不提供
加盟條件／限制	不提供
加盟金額	不提供
加盟福利	不提供

行動餐車營運

車體	餐車
平均客單價	每人約 NT.140 ～ 170 元
每月銷售額	不提供
總投資	不提供
租金成本	視場地而定
裝修成本	車體改裝 NT.40 萬元、設備費用 NT.10 萬元
人事成本	不提供
空間設計／改裝公司	店主自行規劃
獨特行銷策略	無

商品設計

明星商品	招牌煎起司牛肉漢堡
隱藏商品	酪梨牛肉堡（視產季不定期推出）

用一杯杯好咖啡溫暖城市也凝聚人心

🍴 這好咖啡 Zero coffee

品牌速記

出沒地區　平日／桃園市、台北市；假日／依活動地點而定

經營模式　流浪式經營，抓住上班族中餐時間約 12 點～下午 4 點，到商辦區販售

販售商品　咖啡、特調飲品

這好咖啡走美式工業風，期許以細節成就質感，推翻以往對餐車既有的刻板印象。

「這好咖啡 Zero coffee」（以下簡稱這好咖啡）創辦人巫佩鏵（以下簡稱小巫）與謝慧敏（以下簡稱 M），兩人原是在一家美式餐廳工作的同事，曾在咖啡廳打工過的小巫深受咖啡凝聚人情溫暖的文化著迷，進而有了創業夢，天生喜好嚐鮮的 M，在聽了小巫的創業想法後，決定合力圓夢，透過行動咖啡車形式讓更多人喝到好咖啡，同時溫暖城市也凝聚人心。

　　成立於 2016 年的這好咖啡，最早在桃園商辦區一帶出沒，慢慢步向跨城市經營也參與活動，常常從台灣頭到台灣尾不定時的出現，成立近 5 年，早已養出一票忠實顧客。採訪這天是從 2021 年 5 月本土疫情爆發後，自主停業 3 個月以來的首次出車經營，接近營業時刻，已有不少老顧客回訪，彼此互道一句「好久不見」，足以見證她們倆最初想用咖啡凝聚人心的創業初衷。

不妥協於成本，賣好品質具創意的飲品

　　雖說是因為咖啡促使兩人動起合作的念頭，但她們也深知要做出一杯好咖啡，甚至讓消費者對品牌留下印象，品質絕對是關鍵。然而，一杯咖啡的靈魂非咖啡豆莫屬，為了找到對味的咖啡豆，小巫與 M 選擇親赴其他縣市——去找尋、拜訪甚至品嚐；對於咖啡豆的新鮮度更是講究，不走一次叫足單月分量的做法，而是依照每週用量去分批進貨，有時因天候因素導致營業天數縮短，當咖啡豆賞味期已達兩人的淘汰標準，汰換更是絕不手軟。

　　除了品質，口味也是決勝點。在他們的販售品項中，無論咖啡還是非咖啡類的調飲，皆有經典款項和創意特調，喜好研發的兩人，試圖用創意調和出屬於自家的獨特風味，會多方蒐集國內外的資料，也嘗試從自身靈感做發想，過了彼此味蕾這關，才決定是否要成為販售的品項。偶爾也會搭配活動主題設計出專屬飲品，過去就曾因應鬼滅之刃路跑活動，調配了一款屬於主角竈門炭治郎配色的飲品；也曾在受金門金城鎮公所邀約時，準備了與城鎮同音的「金橙咖啡」，以金桔、柳橙跟濃縮雪克調製而成，限定又別具特色。

開著黑色酷炫餐車在各地趴趴走

　　兩人最初會選擇以餐車作為創業入門，無非是相中餐車較店面容易入手，再加上能到處趴趴走的特性，不僅比店面來得更有變化與彈性，也能滿足她們與人群有更近距離的交流互動。

　　投入前，兩人做了許多事前功課，觀察當時市場上雖有許多咖啡車，但多以胖卡可愛造型為主，M 提出何不從自身喜歡的歐美文化切入，來建立獨樹一格的風格？於是在取得二手 VERYCA 後，以彼此皆喜歡的黑色、工業風來做整體規劃，強烈的用色、元素與設計，奔馳在路上更為醒目之外，也著實顛覆了大家對餐車的印象。

　　咖啡車內裝的規劃上，也是彼此先上網搜尋後再互相討論，有了簡單的設計輪廓後，再交由負責改裝的車廠按設計圖操刀。兩人分享，車體設計的精華在於咖啡製作區與物料儲存區，前者從最適合兩人的人體工學出發，時間久了不易造成姿勢不良或身體損傷；後者的位置也安排在順手處，不用移動太多，定點站立即可拿取放於儲存區的備品，讓工作的節奏與步伐更順暢，降低客人等候的情況。由於餐車空間不大，能放的機器設備有限，除了必備的磨豆機、咖啡機，還必須生產電力設備一併考量進去，在評估過電壓穩定度、正常運作性，以及不被其運作聲響受到干擾等因素後，她們最終選擇了YAMAHA 靜音變頻發電機，足以支撐營運上的電力所需。

左／日式焙茶牛奶（左）、這好厚拿鐵（右）。右／規劃時將所需的咖啡機、磨豆機等一併納入思考，讓相關操作流程能更為順暢。

客人現點現做咖啡飲品，M 與小巫都很喜歡能近距離與客人互動的感覺。

讓體驗幫品牌說話，從小處留下記憶點

　　這好咖啡平常營業日時數大概都不超過 5 個小時，短暫且集中，如何在短時間內讓客人留下印象，一直是她們在思考的問題，深知消費者接觸商品的最後一哩路莫過於「包裝外觀」，於是從設計面著手，做到與車體視覺一致，加深大眾對品牌的印象與好感度。兩人掌握人們在拿取咖啡時的「手感記憶」，以雙層厚度的杯子為核心，並在杯身貼上霧膜的 LOGO 貼紙，厚實觸覺讓人有感，外帶杯不再單調，而是變成富含品牌溫度的包裝，印象自然就會加深。

　　值得一提的是，這些 LOGO 貼紙都是源於她們倆的創作，以黑色作為基底，依據不同時期產生各式創作，像最初就是以象徵吃苦耐勞的貓頭鷹作為圖騰代表，慢慢又再走到以字體為主軸，偶爾還會以貼紙形式做變化，或是依據活動主題、節日設計出特別款式，近期則是整合手沖咖啡結合餐車作為意象，讓貼紙不只曝光品牌，還能讓顧客感到她們的用心。

　　在名片設計上同樣也是歷經一版又一版的設計，為了與眾不同，一開始就使用厚紙板來呈現名片，拿到的人都覺得特別；甚至也曾選用紙杯墊去印製名片，在發送時還特別和客人強調：「不用時可轉而作為杯墊哦！」藉此拉近交流距離，也達到互動的訴求。

尋找其他方向，突圍疫情衝擊

　　談及這次疫情，讓不少產業都必須重新學習新技能與新的方向，對小巫與 M 而言也不例外，兩人在 2020 年疫情剛發生時就推出「ZEROPASS 午茶快車」企劃，將桃園在地友好店家的甜點與自家的咖啡飲品成一組合，作為企業、私人派對的午茶選擇，訂購後由他們親送到府。除了將線下銷售改為主動出擊，另一方面線上銷售計劃也在慢慢醞釀中，透過不同形式讓客人能持續品嚐到自家咖啡、飲品的好味道。

　　回首這一條創業路，兩人認為，「當決定要做一件事時就去做，盡自己最大的能力去完成。創業的過程中自然會教會你許多事，不定義好壞也沒有所謂的標準答案，好好感受與享受其中的點滴那才是最重要的。」

利用車體的空間不僅規劃出置物空間，同時也結合五金，只要將抽屜、層板抽拉出來，就能順勢化身成為工作檯面。右下／ LOGO 貼紙都是源於 M 與小巫倆的創作，以黑色作為基底，依據不同時期產生各式創作。

這好咖啡 Zero coffee

因工作而結識的巫佩鏵與謝慧敏，於 2016 年一起決定共同創業成立這好咖啡 Zero coffee，以行動咖啡車形式和大眾見面，不僅讓更多人喝到好咖啡，也透過創意調和出自創的獨特風味調飲。

這好咖啡 Zero coffee 創辦人 M 與小巫。

開店計劃 STEP

2016 年
成立這好咖啡
Zero coffee

品牌經營

成立年分	2016 年
成立發源地	台灣桃園市
成立資本額	NT.120 萬元
年度營收	不提供
車數	1 車
直營／加盟家數佔比	直營 1 車
加盟條件／限制	無
加盟金額	無
加盟福利	無

行動餐車營運

車體	美式餐車
平均客單價	NT.55 ～ 90 元
每月銷售額	不提供
總投資	不提供
租金成本	無
裝修成本	車子 NT.20 萬元、發電機 NT.13 萬元、咖啡設備 NT.15 萬元、改裝費用 NT.5 萬元
人事成本	不提供
空間設計／改裝公司	不提供
獨特行銷策略	和經營點附近的商辦大樓職福會合作，員工購買享有折扣。

商品設計

明星商品	日式鴛鴦焙茶拿鐵、搞剛牛奶焦糖瑪其朵、奶油啤酒咖啡
隱藏商品	依活動專屬設計之飲品

171

在桃園大溪，打造一方餐車遊園地

復古老賓士變身美式快餐車！

🍴 GOGOBOX

品牌速記

出沒地區	桃園大溪樂灣基地
經營模式	平日 9：00 ～ 17：00、假日 8：00 ～ 17：00 營業，皆在桃園市大溪區樂灣基地
販售商品	漢堡、玉米餅、飲品

Kevin 與 Sandy 兄妹從打造 GOGOBOX 餐車開始，
在桃園大溪闢出宛如美國郊區樂園般的「樂灣基地」。

文__郭慧　攝影__Amily　資料暨圖片提供__GOGOBOX

走進隱身桃園大溪的樂灣基地，那一台台色彩搶眼的復古餐車，販售著或甜或鹹的街頭小食，讓人彷彿置身美國鄉村的遊園地。而在這一方餐車基地裡，人氣最高的美式餐車，自非 Kevin 與 Sandy 兄妹以退役賓士消防車打造的餐車 GOGOBOX 莫屬！

事實上，GOGOBOX 是樂灣基地裡的第一台餐車，也是 Kevin 與 Sandy 兄妹開啟餐車系列品牌的起點。原來，創立 GOGOBOX 之前，Kevin 與 Sandy 本在家中經營的早餐店連鎖事業服務。恰好家族在桃園大溪有一塊長期閒置的土地，兄妹倆正想著如何以兩人的餐飲專長活化閒置土地時，正好聽聞熱愛蒐藏古董車的父親，認識一位想販賣退役賓士消防車的朋友。在好奇心驅使下，兄妹倆到場看車，沒想到一看之下，將退役消防車打造為美式餐車、將閒置土地打造成餐車停駐的「樂灣基地」的靈感，就此在心中萌芽。

以綠草、紅屋為靈感設計配色，打造美式風格餐車

行動派的 Kevin 與 Sandy 在念頭萌動後，旋即付諸實行。餐飲業實戰經驗豐富的兩人，深知在創立品牌之初，得先確立風格定位，「我們全家都很喜歡美式休閒風格，所以很快便決定將消防車打造成美式街頭餐車，並將它命名為 GOGOBOX：GOGO 帶有行動的意味，也有加油、打氣之意，而BOX 則凸顯出餐盒的販賣模式。至於設計部分，由於樂灣基地有大片綠地和紅磚屋，我們便以綠色、紅色、米白色作為餐車主色調，希望它的色彩能呼應周遭環境，也更加搶眼吸睛。此外，我們也上網搜尋許多美式餐車參考圖，作為改裝依據。」Sandy 回憶道。由於家中早餐店連鎖事業體本就有聘請設計人員，兩人在想法大致底定後，便交由設計夥伴協助細節設計；而在車體改造上，為了擴大可用空間，兩人則特別商請改裝公司協助將車體加大，再以此進行上色與拉皮。

車體重整完畢後，餐車的「外殼」已逐步成形；然而，想要經營好餐車品牌，空間的「內容」更是關鍵。對此，Sandy 則從她從事餐飲業多年的經驗分享道，設備與品項的規劃可說是環環相扣，牽一髮而動全身。也因此，在品牌確立時，他們便想著，販售的品項除了必須符合品牌美式風格基調，為了讓空間有限的餐車，能夠推出多元品項，因此販售的產品線也必須能共用設備。像是 GOGOBOX 的明星產品漢堡、玉米餅可共用烤具，但若是推出漢堡和墨西哥薑黃飯，需要置備烤具與炊具，便可能無法放進有限的餐車空間裡。「對我來說，菜單設計與設備安排，兩者是一體的。」Sandy 說道。

上菜時也有小巧思，出奇制勝吸引相機先食

　　而在餐車「由內到外」整裝完畢後，延伸出的行銷、包裝也是品牌經營的關鍵。對此，兄妹倆從 GOGOBOX 的「BOX」發想，特別訂製復古木盒作為上菜道具，讓料理不只好吃，更好看、好拍，勾起人們拍照、分享的慾望。同時，他們也重新整理「樂灣基地」，並設置座位區，讓人們可以在綠意盎然、洋溢著青春感的基地裡休憩玩樂、品嚐料理，而無論是料理承裝的巧思或是彷彿遊樂園的基地，都讓 GOGOBOX 在手機先食、相機先玩的時代裡，在社群媒體上擁有超高人氣。

左／Kevin 與 Sandy 兄妹從 GOGOBOX 的「BOX」發想，訂製復古木盒作為上菜道具，吸引顧客拍照分享。右／呼應「樂灣基地」與 GOGOBOX 的美式風情，GOGOBOX 販售的輕食料理，也以美式街頭小食漢堡、玉米餅為主。

左／除了打造餐車之外，「樂灣基地」的環境維護，也是 Kevin 與 Sandy 兄妹的一大考驗。右／以「樂灣基地」的綠草、紅磚為靈感，GOGOBOX 車體色彩以綠色、紅色、米白色為主調。

　　而在 GOGOBOX 打響聲名之後，Kevin 與 Sandy 也陸續打造姐妹品牌 MINI BOX、SWEETY BOX 等，讓樂灣基地上的販售品項愈見多元。由於 GOGOBOX 為退役消防車，依據法規無法駛上道路，因此 Kevin 與 Sandy 改帶著 MINI BOX 等姐妹品牌參與各地市集活動，不只提供美味餐點，也讓更多人認識兩人親手打造的系列餐車品牌。「有時候我們也會在市集上遇到客人跟我說，他們曾經造訪過樂灣基地，或是曾經吃過我們的料理。」Sandy 說道。她也表示，其實經營餐車與基地有許多不為人知的辛苦之處，像是天候不佳時，生意便會大受影響，基地草皮也要時時維護、修整，才不會顯得荒涼雜亂。「但是在這樣辛苦的工作中，看見有人認識我們，彷彿我們在大溪的努力，都有被人看見，這就是我們持續經營的動力。」

上／除了 GOGOBOX 之外， Kevin 與 Sandy 兄妹也推出 MINI BOX、SWEETY BOX 等姐妹品牌。下／GOGOBOX 準備了拍照打卡板共遊客使用，藉此吸引更多人拍照打卡上傳，起到宣傳作用。

GOGOBOX

由 Kevin 與 Sandy 兄妹主理，兩人將退役賓士消防車改為販售漢堡、玉米餅等美式街邊小食的美式餐車，長期駐點擁有大片綠地的桃園市大溪區樂灣基地，是許多旅人、騎士的必訪之地。

GOGOBOX 前身為賓士消防車，如今則為販賣漢堡、玉米餅等輕食料理的美式快餐車。

開店計劃 STEP

2016 年	2017 年	2018 年	2019 年	2020 年
籌備	GOGOBOX 正式營運	推出姐妹品牌 MINI BOX	推出姐妹品牌 SWEETYBOX	推出 GOGOBOX 巡迴餐車

品牌經營

成立年分	2016
成立發源地	桃園大溪
成立資本額	第一台餐車約 NT.100 萬元
年度營收	不提供
車數	含姐妹品牌 MINI BOX、SWEETY BOX 等共 4 車
直營／加盟家數佔比	無
加盟條件／限制	無
加盟金額	無
加盟福利	無

行動餐車營運

車體	美式餐車
平均客單價	每人約 NT.250 ～ 300 元
每月銷售額	不提供
總投資	約 NT.100 萬元
租金成本	無
裝修成本	車體改裝 NT.20 萬元
人事成本	約每月 NT.10 萬元
空間設計／改裝公司	店主自行規劃
獨特行銷策略	打造適合休息、遊憩的餐車基地，吸引車主、騎士、家庭遊客到訪

商品設計

明星商品	漢堡、玉米餅、布萊特餅
隱藏商品	無

以食物做交流，挖掘各地的獨特美好

🍴 Lighthouse Food Truck 燈塔餐車

品牌速記

出沒地區	平日／台中以北；假日／依活動地點而定
經營模式	週間經營在地客群或私人包車、週末主攻活動市集
販售商品	古巴三明治

字體設計師依據小康的訴求，以白色結合紅色呈現出燈塔餐車獨有的設計。

全台跑透透的「Lighthouse Food Truck 燈塔餐車」（以下簡稱燈塔餐車）以販售古巴三明治聞名，搭配獨家研發出來的煙燻烤肉，讓許多人吃過一次就很難忘。燈塔餐車不定期出沒於各地，每每 PO 出行程公告，不僅早有預訂客支持，還有一票鐵粉緊緊跟隨。

　　若要細數，這是燈塔餐車創辦人康智皓（以下簡稱小康）的第二次創業，在這之前原是在房地產擔任業務，快速、高壓的工作環境，讓他不禁想「難道人生就只有這這樣了嗎？」工作了一年多後，喜歡大海的他，放下一切跑到墾丁沉澱的同時也另尋其他機會，最後選擇在墾丁大街創業賣甜點，「那是第一次創業，沒什麼經驗加上不懂消費者真正需要什麼，在發展沒有很好的情況下就收掉了……」而後小康又再走回業務路，那時壓根沒有想過餐車創業。

父親驟逝決定用餐車走出新人生

　　直到有天看了名為《五星主廚快餐車》的電影後，對於電影中主廚做的燻肉感到驚豔也很好奇，當時在台灣幾乎沒有所謂的古巴三明治，熱愛做料理的他，決定動手做做看，在自己慢慢摸索下，還真讓他做出了與片中相似的料理。「做出來的味道還滿不錯，於是我就將古巴三明治與業務結合，分享美食也藉此拉近人與人的距離。」

　　直到有一天突然接到父親的噩耗，人生因而被敲了一記醒鐘。小康回憶，「那場意外帶走了我的父親，經歷過這件事後，我深深體悟到『人生如此短暫，更應該要好好把握，活出自己想要的樣子。』」就在歷經父親驟逝後開始思考人生方向的同時，這台餐車出現了，「剛好家附近有二手車行，意外發現了這台車正在出售，老實說它當下並不起眼，但卻意外激發出或許可以用這台車衝撞出新的人生的念頭……」思考了兩天後便決定買下它，同時作為創業的新開始。

再次創業，用更縝密的態度面對

　　有了先前在墾丁創業的經驗，小康知道這回需要做更縝密的經營規劃才行，正當在愁困於要用什麼產品切入市場時，他想到當初自己在看了《五星主廚快餐車》所做出的古巴三明治，「那時市面上還沒有這樣的食物，既然我可以用自己的方式做出來，何不以這個為主，也算是一種銷售賣點。」

　　決定以餐車創業到落實，小康說前後花了至少一年的時間籌備，因為光是肉類的煙燻處理，就需要歷經不斷地嘗試與調整，才得以讓肉質鮮嫩多汁且帶有絕佳的香氣，「煙燻過程相當繁瑣且時間冗長，除了前置作業，光是煙燻至少 12 ～ 13 小時起跳，最多甚至要到 16 小時，這時間的耗費得依據當天的氣候、溫度做調整才行，煙燻出爐後還有其他後製作業，因此每次休假日就是我備料的重要時刻。」

　　除了內餡，小康對於古巴三明治的麵包體也很講究，前前後後花了 2 ～ 3 個月的時間，才找到現在這個最合適的軟法麵包。另外，無論是哪種口味，為了讓口感層次豐富，麵包除了夾肉品外，還會再添入其他醬料、配料等，一層層厚厚的堆疊，最後再經過熱壓機的神來一筆，古巴三明治的製作程序才算完成。「在初期沒有人教的情況下，只能自己摸索，因此什麼口味要配怎樣的佐料，都是一試再試，才有現在配方。」他解釋著。

左／「古巴的德式狂野」是將煙燻過後的牛胸肉，與酸黃瓜、黃芥末、莫恩斯特起司以及蘋果，層層堆疊後在經過熱壓處理，咬下會深陷它飽滿的狂野口感之中。右／「美式煙燻手撕豬」是將特選梅花豬肉，以芭樂木、龍眼木燻烤 13 小時熟成，搭配美式 BBQ 醬汁、起司、酸黃瓜，帶出絕佳獨特風味。

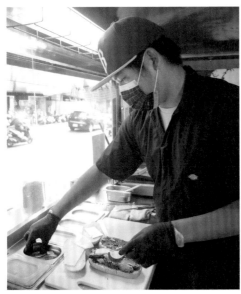

左／小康會事前將相關食材準備好，營業時只需要將這些食材做組合處理。右／在呈現「古巴的德式狂野」時，會再次將燻烤過後的的牛胸肉經噴槍熱烤處理。

以燈塔命名，讓它成為一個溫暖的象徵

問及為何會以「燈塔」命名？小康説，「因為我自己很喜歡海，在海岸、港口都會看得到燈塔，它本意是用來指引船隻方向的，以其作為品牌名則是希望它是一個溫暖的象徵，當大眾看到我們、吃到我們的古巴三明治後，內心也會感到暖暖的。」也因為這樣，那時在設計餐車時，便決定以白色作為基調，而委託的字體設計師在聽取緣由後，選以紅色做搭配，耗費一週的時間親手繪製出這獨一無二的設計。

當時取得這台二手車時，內裝距離要能正式營業還有一大段距離，因此小康將想法提供給委託的車廠，最後再由他們做相關的改裝。小康説，最初也只能用個大概來做思考，很多配備都是實際營業之後，才又再微調修正，好讓整體在操作時更加順手。像是當初考量很多地方有明火規範，全車以發電形式為主，光是發電機前後也做了更換，「初期完全沒想到原來聲音是挑選時的一大重點，最初沒有選靜音款式，但實際運作起來才知道它會發出不小的聲響，進而對附近鄰居造成困擾，之後才趕緊更換成靜音款式。」小康説現在回頭看，那時台灣餐車市場還不算蓬勃，一切只能自己摸索、上網找資料，真的是需要自己走過，才會有所獲得與成長。

沒有疫情前，小康都會帶著太太和餐車一塊環島，喜歡與人交流的他們，已在燈塔的帶領下，探訪了台灣許多地方，「我從來沒想過會因為燈塔，有機會走入更深入的在地，認識這麼多可愛的人、事、物……」談及未來，小康說近期仍想透過餐車把古巴三明治帶給更多人，同時也藉此挖掘更多地方的美好，至於開店並不會排除，若自己哪天有了這樣的夢想，仍會勇敢去追夢！

上／經過這次疫情後，考量防疫安全已增設了透明隔板，減少近距離接觸的風險。下／委請車廠重新做的內部改裝，後續再增添相關可移動的設備，使用操作上更順手。

Lighthouse Food Truck 燈塔餐車創辦人康智皓。

2018 年 3 月成立的 Lighthouse Food Truck 燈塔餐車，販售古巴三明治為主，以德州煙燻烤肉作為靈魂，只要吃過必留下印象。餐車經營跑遍全台，原因在於創辦人小康，不只喜歡與人交流，更希望能藉由食物探尋更多地方的美好。

開店計劃 STEP

2018 年
成立 Lighthouse Food Truck 燈塔餐車

品牌經營

成立年分	2018 年
成立發源地	台灣台北市、新北市
成立資本額	NT.150 萬元
年度營收	不定
車數	1 車
直營／加盟家數佔比	直營 1 車
加盟條件／限制	無
加盟金額	無
加盟福利	無

行動餐車營運

車體	美式餐車
平均客單價	NT.180 元
每月銷售額	不固定
總投資	NT.150 萬元
租金成本	不固定
裝修成本	NT.80 萬元
人事成本	不固定
空間設計／改裝公司	不提供
獨特行銷策略	沒有特定策略

商品設計

明星商品	古巴的德式狂野、美式煙燻手撕豬、卡布里的義式浪漫
隱藏商品	松露白醬抱抱蝦、龍蝦干貝佐海膽三明治

從內餡到外皮都吃得到用心的漢堡

美式餐車起家到開設店面

🍴 Stay Gold 初心環島餐車

品牌速記

出沒地區　出車日期與地點依臉書公告

經營模式　環島經營，營業時間夏天為下午 5 點到晚上 7 點，冬天為下午 4
　　　　　　點到晚上 7 點，不超過晚上 8 點

販售商品　美式漢堡

Stay Gold 初心環島餐車，以淺藍色為車體顏色，
再加上霓虹燈作為主視覺，吳立豪會隨著時間不斷
調整外觀。

> 觀賞過電影《五星主廚快餐車》，且憧憬一邊營業一邊旅遊的人，對於擁有一台美式餐車，應該感到相當心動，「Stay Gold 初心環島餐車」正是早在 2016 年就開始經營餐車事業的美式漢堡品牌，究竟當年他們是如何創立這個看似夢幻又令人羨慕的品牌呢？

　　Stay Gold 初心環島餐車是由主理人吳立豪和姊姊吳名共同創立，他原本是貿易進口車的業務，吳名則是從事餐廳服務業，她曾經在國外旅遊 2 ～ 3 個月，那段日子見識到許多不同的美式料理，認為將美式料理帶回台灣或許會成為不錯的事業，與吳立豪商討後，兩人決定一起創業。

　　「Stay Gold」翻成中文的意思為保有初心，當初品牌會取名為 Stay Gold 初心環島餐車，就是為了警惕自己別忘了創業時的理念和初衷，提醒自己當初為什麼要做漢堡，希望給客人吃什麼樣的美味料理。

挑戰經營無前例可循的美式餐車

　　吳名最初的想法是經營胖卡，但吳立豪不想與其他人開設同質性高的餐車，再考慮到一般小型餐車沒有辦法設置冷藏冷凍設備，而是使用保溫或保冷箱保鮮食材，他擔心客人因此吃壞肚子，兩人才找到以設計露營車為主，也能設計餐車的品牌 IVECO 幫忙打造美式餐車。

　　不過，台灣在 2015 年還沒什麼人經營美式餐車，不僅缺乏參考範例，打造費用昂貴，總共耗費一年時間打造美式餐車，由於打造成本太高，超出原本設定預算，差點難產。「當時沒有二手車可以挑選，只能購買新車，光是空車就要 NT.100 多萬元，加上追加的設備，總共超過 NT.400 萬元，餐車的打造費比空車還貴。」吳立豪苦笑著說，好在 Stay Gold 初心環島餐車為全台灣前幾台美式餐車，許多媒體爭相邀約採訪，讓品牌知名度大增。

姊弟兩人於餐車打造期間，先在廠房接外帶、外送訂單做漢堡，收到台中周遭許多民眾的正向回饋。後續利用店面規格的食材在餐車上販賣，吳立豪強調，「我們供應的漢堡一開始就設定要媲美餐廳料理，以澳洲進口原肉塊削筋膜，按照比例做成牛絞肉漢堡排，而非使用組合肉、牛肉混豬肉，出發點就是希望比其他餐車料理精緻。」

　　此外，Stay Gold 初心環島餐車販售的漢堡，外層包覆肉排的漢堡皮相當有嚼勁，口感比一般早餐店或漢堡店更好，目前餐車界以這種麵包做漢堡的不多，成功與其他品牌做出區隔，常聽到客人誇讚麵包好吃。談及定價策略，吳立豪說，「最初一顆漢堡定價 100 元，還被客人嫌貴，光是食材成本就超過 5 成，根本賺不到錢，」後續因為在台中培養了一批熟客，他們知道 Stay Gold 初心環島餐車用料實在，即便吳立豪稍微調漲價格，依然死忠支持。

　　除了商品好吃之外，適時變化菜單吸引熟客回流，也是相當重要的行銷方式，「2020 年冬天有推出一款以奶酒為基底的醬料，搭配草莓的一款限定漢堡，滿多客人回來嚐鮮的。」但吳立豪也坦言，品牌必須不斷在粉絲專頁發文宣傳，因為新餐廳持續湧現，假如一兩天沒發文，很快就會被大眾遺忘。

最原始的餐車樣貌只有車頭，後續才慢慢把後方廂體慢慢拼裝起來，從檯面配置、需要設備，像是煎檯、冰箱、冷凍、洗手檯、不鏽鋼儲物櫃……提供給廠商，他們才能幫忙固定。

陽光辣肉醬牛肉漢堡，手打
牛肉內餡多汁搭配有嚼勁的
麵包，讓人一口接一口，停
不下來。

從餐車到創立店面，再回歸單純開著餐車到各地賣漢堡的模式

　　談到選址策略，吳立豪並未特別選擇餐車出沒地點，最早在一間自助洗車廠的門口駐點，店家有一空地是為了方便餐飲品牌快閃擺攤，第一年都在那裡定點販售，後續才開始搜尋其他可以合法販售餐點的市集與管道。他也提醒，隨意停靠在路邊販售是違法行為，必須在私人土地或市集停駐餐車販售餐點才合法。

　　品牌經營到第二年，不斷收到客人反應吃不到漢堡，追車追得很累。吳立豪想一想，客人追久了有一天會膩，便思索著是否有能力在台中市開一間店面，給一些長期支持的熟客，想要吃就可以直接到店面內用，於是在創業兩年後設立實體餐廳—Stay Gold 初心漢堡。但在經營店面的過程中，姊弟因為多次意見不合，吳名後續轉戰台南開設古早味的早午餐店，品牌交由吳立豪與太太 Una 接手營運。只不過沒想到，2021 年遭遇疫情衝擊，加上食材上漲、人力不足以及開店初期缺乏完善規劃等因素，經過一段時間沉思與考量後，他決定結束經營近 4 年的店面，回歸最初開著餐車到各個城市賣漢堡的路。

走自己的路，一直都是吳立豪的經營理念，雖然餐車協會多次邀約合作，但幾經考量之下，他還是希望保有品牌的獨立性，而未加入協會，將來必須要量化產品的製作流程，才有辦法開放加盟。當前的目標是成為漢堡速食連鎖品牌，希望有一天全台灣都知道 Stay Gold 初心環島餐車，讓品牌持續發光發熱。

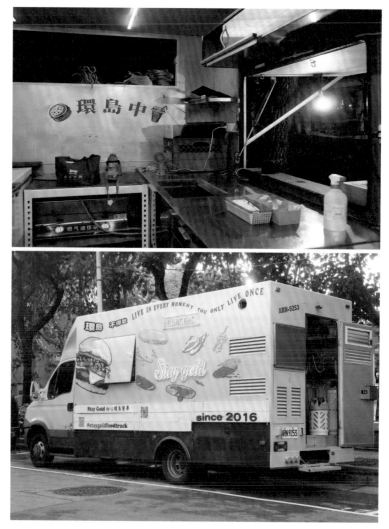

上／餐車內顯眼的「環島中」，道盡這台美式餐車的初心：開著一台餐車環島旅行去。下／將發電機與瓦斯置於餐車尾部，讓行走動線更加流暢。

衷於自己，享受生活，並保有初心，做最好的手作料理．

Stay Gold 初心環島餐車主理人吳立豪與兒子。

開店計劃 STEP

2015 年	2016 年	2018 年	2021 年
成立公司	經營餐車	開店	店面結束營業

品牌經營

成立年分	2015 年成立，2016 年才開
成立發源地	台灣台中
成立資本額	約 NT.100 萬元
年度營收	不提供
車數	1 車
直營／加盟家數佔比	直營：1 車
加盟條件／限制	無
加盟金額	無
加盟福利	無

行動餐車營運

車體	美式餐車
平均客單價	每人約 NT.250 元
每月銷售額	不提供
總投資	不提供
租金成本	油錢約 NT.2,000 元
裝修成本	車體改裝＋設備費用約 NT.300 萬元
人事成本	月營業額 20～30%
空間設計／改裝公司	IVECO
獨特行銷策略	一季開發一種新品，只推出有記憶點的商品，限量提供一週或一個月

商品設計

明星商品	花生培根牛肉、手撕豬肉
隱藏商品	松露滑蛋牛肉

開著餐車販賣不期而遇的熱狗堡

🍴 The Oasis 綠洲

品牌速記

出沒地區	台北市、新北市，出車日期與地點依臉書公告
經營模式	流浪式經營，經營時段下午 4 點～晚上 8 點
販售商品	熱狗堡

The Oasis 綠洲設計時，特別要求在另一側做了開窗設計，讓餐車更有店面的感覺。

「The Oasis 綠洲」創辦人連庭德與周冠辰為大學死黨，求學期間兩人就有著一起創業的夢想。原本各自從事廣告、餐飲工作的兩人，無意間看到餐車的經營模式後，決定打造一台行動廚房，透過餐車落實創業夢想，也讓更多人品嚐到手作熱狗堡的好滋味。

「創業的念頭其實一直存在心裡，礙於現實，畢業後我們各自先投入工作，偶然再聚首時，意外地一同品嚐到了餐車『喬治漢堡』的美食，從食物到經營模式都讓我們感到驚豔。彼此進一步聊到，餐車相較開店的門檻來得低，也有一些發展空間，便決定透過餐車落實夢想。」連庭德娓娓道來。

一輛行動餐車，承載著兩個男生的夢想

既然決定走餐車經營，「車」是靈魂關鍵，輾轉得知親戚剛好有台得利卡要出售，由於車況還算不錯，兩人便決定購下，再分別委由台灣美式餐車俱樂部和 NO.5 WorkRoom 按所需進行車體與內裝的改造，完成兩人心目中的夢想餐車。連庭德說，希望這台餐車能成為城市的移動綠洲，特別選以湖水藍作為主色調，亮眼吸睛也讓色調與品牌產生連結；同時再搭配木料、水泥、霓虹燈等元素，讓這座「綠洲」溫馨之餘還很舒適。

雖然是用餐車與大家見面，但兩人還是希望能保有店面的感覺，車內不僅有開窗，也有所謂的前、後台之分，吧檯一帶作為前台區，是點餐、取餐的地方，後台區則用來作為料理、擺放食物、放置保冰桶和發電機等用途。兩人明白餐車可用空間不多，但仍可看出他們竭盡所能地將畸零處的效益發揮極致，以後車門為例，特別在門片處加上了霓虹燈，點亮後給人一種懷舊絢麗的感受，也為車體增添不一樣的風采。

開業半年遇經營轉折，砍掉重練從零開始

一開始 The Oasis 綠洲賣的是餐盒，主推改良自 Burrito 的墨西哥飯捲，連庭德不諱言，這是從兩人愛吃且台灣市場少見而勝出的經營品項，在歷經多次調整後，才找出國人能接受的味道。不過就在營運了半年左右，就發現販售飯類餐盒不僅有餐期銷售限制，受限車體環境能帶的食物份數也有限，營業額想再往上衝更是困難，甚至就連要跨足活動營業受到侷限。「那時真的很掙扎，好不容易做出了成績，卻面臨經營上須做出抉擇的難關……」但受限車體環境，兩人不得不做出調整，「考量餐車製作環境及現有設備，從彼此都熱愛的熱狗堡重新出發，一來既有的電力配備足以應付，二來餐車在這塊也較少人著墨，若口味獨特，那勢必就有突圍的可能。」連庭德解釋著。

為了顛覆大家對熱狗堡的印象，兩人堅持不賣市場上常見的蕃茄、芥末口味，從少見的美式、墨式味道切入，以親手研發製作而成，如：炙燒 BBQ 醬美乃滋、鹹蛋黃金沙醬、韓式辣味噌醬、黑松露鮮蕈奶醬等；此外，為了讓醬料、熱狗、麵包三位一體創造出融合的口感，周冠辰說，除了掌控醬料濃稠比例，對於麵包的呈現也很要求，出餐時除了麵包底部，側邊也都會加以炙烤，接著依序放入熱狗、醬料，最後再用噴槍加工，利用高溫將表面烤香，可以吃到很 match 的口感外，過程中還會聞到麵包烤過的香氣。

車內空間有規劃前、後台區，吧檯一帶作為前台區，是點餐、取餐的地方，後台區則用來作為料理、擺放食物、放置保冰桶和發電機等用途。

左／鹹蛋黃金沙醬（左）、炙燒 BBQ 醬美乃滋（中）是店內經典商品，韓式辣味噌醬（右）也有很多擁護者。英式曲奇茶（後）是兩人歷經多次挑選後，找到最對熱狗堡的茶飲。右／從熱狗堡的包裝紙、貼紙、茶飲瓶身都是兩人親手設計，讓外帶美食也能很有質感。

快閃方式出擊，帶給人限定版美味

　　餐車每日的營業地點提前公告，例如本週日預告下一週的營業地點，營業當天還會再做限時動態的發布公告；每個地點一週只去一次，以快閃方式，傳遞限定美味給消費者。

　　由於現在的消費者都愛拍照上傳 Facebook 和 Instagram，使得 The Oasis 綠洲逐漸累積了人氣，除了街邊經營，他們也會參與出沒在一些市集活動中，擴展新的客群也打開品牌知名度，此外，也接受明星應援包車的邀約，過去就曾接受粉絲的委託，在全明星運動會替藝人孫其君、艾美等預訂了應援餐車，藉由這樣的任務，跨出餐車的多元經營之路。

調整銷售方式，拉長駐點時間累積鐵粉

　　從餐盒轉變販賣熱狗堡，連庭德與周冠辰也歷經了一段陣痛期，除了重新找回客群，更重要的還做了放慢經營步伐的決定，在這將近 8 個月的時間裡，全心投入強化熱狗堡的製作流程，確保消費者吃到的口感皆能一致。「光是炙烤在麵包上的區塊、溫度，就反覆調整了很多次，就在那多一點、少一點之間，味道、香氣、甚至口感都是有差別的。」周冠辰說道。

面對這波疫情，雖然剛開始也做了暫停出車的決定，不過隨疫情趨於穩定也陸續恢復營業。疫情後的再開始，先是推出改採取提前預定、定點取貨或配送的模式來做因應。另外，過去每週一天一地點的經營方式，之後也會改以拉長駐點時間來應對，一個地點改成營業 2 ～ 3 天，採取比較深入在地的經營累積鐵粉。至於未來，兩人希望這 1 ～ 2 年仍先透過餐車累積知名度與資金後，再逐步於雙北開設店面，期望更多人能品嚐到熱狗堡的好味道。

上／善用車體側翼，改成可活動形式後，掀起後就構成了點餐、接待區域。左下／後車廂門片上裝了霓虹燈，點亮後給人一種懷舊絢麗的感受。右下／為了呼應品牌名，店家除了掛上自己設計的招牌布簾，另也運用植物來做佈置，讓小環境更有綠洲的感覺。

The Oasis 綠洲

成立於 2019 年的 The Oasis 綠洲，經歷半年的調整後，現以專賣熱狗堡為主打，熱狗堡的醬料是親手研發製作而成，口味獨特也做出市場差異。連庭德與周冠辰兩人透過行動餐車四處移動方式，把美味的料理帶往雙北的每一個區域。

The Oasis 綠洲創辦人連庭德與周冠辰。

開店計劃 STEP

2019 年
成立 The Oasis 綠洲

品牌經營

成立年分	2019 年
成立發源地	台灣台北市、新北市
成立資本額	約 NT.100 萬元
年度營收	不提供
車數	1 車
直營／加盟家數佔比	直營 1 車
加盟條件／限制	無
加盟金額	無
加盟福利	無

行動餐車營運

車體	美式餐車
平均客單價	不提供
每月銷售額	不提供
總投資	不提供
租金成本	不提供
裝修成本	不提供
人事成本	不提供
空間設計／改裝公司	台灣美式餐車俱樂部、NO.5 WorkRoom
獨特行銷策略	無

商品設計

明星商品	炙燒 BBQ 醬美乃滋、鹹蛋黃金沙醬、韓式辣味噌醬、黑松露鮮蕈奶醬、炙燒起司辣牛肉醬
隱藏商品	無

到點現煮呈現精品咖啡最佳賞味

🍽 咖啡杯杯

品牌速記

出沒地區　台北內湖、桃園、竹科、林口

經營模式　內湖堤頂大道營業點為常駐點。上午在港墘站做上班族上班時段外帶咖啡，午後到堤頂大道營業點經營下午茶團訂與散客，同時運用網路接單

販售商品　精品咖啡、Pizza

「咖啡杯杯」的智慧綠能行動餐車展開只需 30 秒，收起來就是一輛小貨車的尺寸。

餐車有如行動店面，但製作餐點需要的水與電，要怎麼「帶著走」是個難題，「咖啡杯杯」從改變咖啡生態圈切入，與烘豆師合作採購精品咖啡豆，運用餐車到點現煮優勢，將綠能與科技導入咖啡的消費旅程，從消費者的立場出發思考，透過咖啡師與智慧綠能餐車，將最佳品飲狀態的好咖啡直送給顧客。

　　一杯咖啡，是上班族面對晨會的動力，提振午餐後昏沉的精神，或是促進同事情感的禮物。台灣的城市街道幾乎是三步一便利商店，五步一連鎖咖啡店，更有許多獨立咖啡館藏身巷弄之間，喝一杯好咖啡看似不難，但分身乏術的時候點外送最怕送來奶泡已消風、熱美式剩微溫、冰拿鐵已無漸層。對消費者來說「行動咖啡車」似乎是個理想的解決方案，不過對經營者來說，想法很美好，現實卻有許多困難考驗著想投入的人。

跨域整合解決因「行動」產生的痛點

　　咖啡杯杯的創辦人徐國瑞（KJ）看上上班族的咖啡品飲市場，2016 年自行改裝咖啡餐車（一代車）開始了創業之路。不過，因改裝車輛營業用途等的法規問題，自己出車營業半年內屢屢被開罰單或是被當成流動攤販被警察趕，讓他思考若要安心發展這個事業，必定要找出合法營業之道，因此他透過民意代表、拜訪立法院了解現行法規，尋找突破點。

　　咖啡杯杯二代車先解決車體合法性，與三陽工業合作進口汽車底盤，訂製量身打造的車廂和設計車廂內結構。每台車都有 POS 系統且有開立發票，並從「開店裝潢」的角度思考車上的空間動線設計選材。餐車最頭疼的「能源」問題，他捨棄發電機，採用具電池管理系統的高效能電池供電，並設置清水、廢水分流的儲水設備，如此一來水電就能配管隱藏在裝修之下，車到定點停妥就能作業，避免無處接電或柴油發電機的氣味和噪音問題。此外更結合自己過去在科技業的背景導入聯網概念，讓車上資源如清廢水儲量、電池蓄電量、溫度等資訊整合在儀表板，一眼就能掌握行動店面的狀態。

出杯速度是尖峰時間能否接單的關鍵，因此除了咖啡機、磨豆機的效能之外，動線的安排與備品的存放位置也是效率的一環。咖啡車設計為雙吧檯形式，走道可供兩人側身相會，不論是一人或兩人操作都能從容待客、調製飲品、收單結帳。考量車輛載重及行進安全，委託專業木工量身打造車用吧檯，並以成人身高規劃上中下區塊用途，並榨乾每一寸儲物空間，開放式層架也精算尺寸、加入止滑墊，避免行進時物品掉落；地面則用浮雕鐵板防滑耐刮。

打造行動咖啡車生態圈

二代車投入營運後，以智慧綠能行動餐車為訴求，加上在台北市內湖堤頂大道有固定營業點，漸漸經營出一群上班族熟客。團訂咖啡飲品是週間上班日的小確幸，但團主點單詢問要花不少時間，因此結合台灣市佔率最高的通訊軟體 LINE 開發 BeiBOT，揪團只要傳個 LINE，就能看菜單、點餐、行動支付，甚至發揮餐車可移動的優勢，在不同地點也可以揪團，只要選分送不同地址，不在身邊的好友也能一起分享品飲咖啡之樂。

此外，咖啡杯杯更即將推出應用自然語言的 BeiBOT.AI 版本，舉例來說，開發完成後消費者就能透過 Siri 或智慧音箱，不用點開 app，直接說出「我要喝咖啡，跟上次一樣」等關鍵字，就能連結到上一次點單紀錄利用語

左／夏天深受顧客喜愛的冰飲荔夏咖啡，選用玉荷苞濃縮原液讓香氣更優雅。右／貫徹環保的品牌精神，外帶採用紙質提盒，收納時只有紙張厚度，節省珍貴的儲物空間。

咖啡杯杯充分發揮餐車優勢，營業區域內即使只點一杯咖啡也會送，滿足未被滿足的客群。

音進行點餐。餐車收到點單訊息後，能從地址判斷製作與送餐情境，是做好送過去或直接開車到點現煮，從消費者的角度思考提供服務的內容，有如專屬咖啡館。由於車身設計簡潔，自帶電源能適應各種環境，受到不少品牌與劇組青睞合作活動，也參與過數場路跑與市集，拓展品牌能見度。

投營分流，縮短實踐夢想之路

　　從事餐飲業，又是在外跑的餐車，酷夏沒有冷氣，冬天冷風直吹，對咖啡，對顧客都要有一定的熱情並找到樂趣才能長久。對於加盟主的篩選，比起資金條件更重視加盟主能否投入這樣的生活並樂在其中，才能將品牌想傳遞的概念傳遞給消費者，因此此在 2021 年 3 月咖啡杯杯舉辦了「創意創業補助計畫」，希望幫助對咖啡有興趣、想投入餐車創業的夥伴，降低資金門檻，並開設各門類訓練課程、教練式的帶領加盟者建立開餐車的信心。

　　目前，內湖營業區域的 Benjamin 正是通過計畫考核正式上線的新手餐車主。從旁觀察他對應客人與車上操作相當流暢，也分享上路一週的趣味心得，原本是學校輔導老師因對咖啡好奇開始自學，在轉換跑道時得知這個計畫遞交申請，不到 3 個月就獨自開著餐車上路，與內湖科學園區逐漸回到辦公室的上班族，一同譜寫後疫時代新型態生活的故事。

左上／車體為進口汽車底盤並量身打造車廂及設計車內結構的訂製車，掛特殊用貨車車牌，深咖啡色車頭與銀灰色車體呼應咖啡主題。右上／中控台包含了車內資訊儀表板，即時顯示電池蓄電量、清廢水儲量與溫度，外接插座則方便行動裝置充電需求。中／「超常發揮」的標準貨車空間，水吧整合咖啡設備與水槽、備餐區，結帳吧檯藏了電池、POS 收銀機、兩個冰箱，車頭座位上方還有隱藏式收納。左下／車頂安裝了兩個通風天窗並安裝活動式紗窗，讓車內熱氣能即時循環。右下／使用霓虹燈管摺出外帶咖啡紙杯與「BEIBEI（杯杯）」字樣的招牌，相當吸睛。

咖啡杯杯

以獨立精品咖啡店為合作對象,挑選專業咖啡烘培職人,看準平日辦公室族群對咖啡的高需求,打造以「全球第一台智慧綠能行動咖啡車」到點現煮的方式解決咖啡產業痛點,掌握咖啡最佳賞味時間,追求「高品質咖啡的遞送」,打破傳統咖啡外送模式,創造咖啡價值鏈新生態。

通過「創意創業補助計畫」的新科加盟主 Benjamin。

開店計劃 STEP

2016 年
成立咖啡杯杯,一代車營業期間研究合法營業方案

2017 年
二代車為合法改裝

2018 年
成立十二立方直營店;BeiBOT 揪團機器人上線;第三代咖啡車改良

2019 年
第四代咖啡車改良,只要一般咖啡店 1/7 的用電量;進駐國家戲劇院

2021 年
服務據點擴張至桃園、新竹;第二家直營店進駐 LINE 部;疫情爆發後透過募資平台群募協助勵馨基金會取得技轉、升級資金

品牌經營

成立年分	2016 年
成立發源地	台灣台北內湖
成立資本額	NT.1,160 萬元
年度營收	不提供
車數	4 車
直營／加盟家數佔比	加盟:4 車
加盟條件／限制	請洽店家
加盟金額	委任加盟:NT.40 萬元保證金＋ 10 萬元加盟金(投營分道)特許加盟:NT.220 萬元(含車體設備)
加盟福利	咖啡課程、首三個月銷售顧問隨車輔導經營、首月免準備物料周轉金等

行動餐車營運

車體	美式餐車
平均客單價	每人約 NT.80 ～ 100 元
每月銷售額	約 NT.30 ～ 40 萬元
總投資	不提供
租金成本	營業點租金 NT.1,000 ～ 3,000 元
裝修成本	無其他裝修成本,全部包含在加盟金中
人事成本	不提供
空間設計／改裝公司	咖啡杯杯(設計＋驗車)
獨特行銷策略	營業區域內一杯也送、到點現煮的精品咖啡;配合品牌活動到點現煮;Line BeiBOT 訂餐揪團購。

商品設計

明星商品	荔夏咖啡、荔夏鐵觀音
隱藏商品	冰沙

萌貓坐鎮，美式餐車賣創意台味義大利麵

🍴 啤先生 Mr.PiPi 美式餐車

品牌速記

出沒地區　每年 1 ～ 2 月會到南部巡迴出車，平時多以桃園、新竹、苗栗等
　　　　　　地區為主，出車日期與地點依臉書公告

經營模式　流浪式經營，營業時間為 17:00 ～ 19:30

販售商品　創意台式義大利麵

白色系為主的美式餐車在台灣並不多見，採訪時連
對面小吃店的老闆娘都忍不住好奇詢問。

不同於一般餐車多販售漢堡、熱狗堡等速食，「啤先生 Mr.PiPi 美式餐車」主打融入台灣料理元素的創意台式義大利麵，餐車主人是高雄餐旅學院畢業的情侶檔廖文睿（以下稱文睿）與許舒昀（以下稱舒舒），餐飲業工作的經驗，滋養了他們心中對於料理與餐飲的夢想，促成創業的契機。兩人以愛貓啤啤為核心發想餐車的整體設計與品牌概念，藉著社群行銷與獨特的口味，在競爭激烈的餐車市場中創造特色，累積大批死忠粉絲。

　　藍白色系的餐車，與萌貓店長啤啤（許多粉絲稱啤老闆）讓啤先生 Mr.PiPi 美式餐車在出車不久後就在網路上掀起討論，迅速打響知名度。文睿與舒舒，一個鑽研西餐，一個學習烘焙，兩人畢業後都進入餐飲業，為了實現對於餐飲與料理的熱情與理想，決定以餐車為創業的起點。舒舒分享，兩人還是上班族時，只能利用下班的時間陪伴貓咪，當有了創業的念頭後，就決定要讓愛貓啤啤一起融入工作中，他們將共同熱愛的元素：料理、貓咪、旅行集於一身，打造獨具特色的餐車，盼透過美食與更多人交流。

吸睛萌貓 LOGO，公路粉絲熱情相認

　　不論是餐車的內裝或外觀，都可以見到店貓啤啤可愛的模樣，開在路上十分吸睛，也相當具有宣傳效果，「有時候開在高速公路上，有人會拍下我們的車，私訊相認，或是問我們在賣什麼東西，稱讚車子的外型很特別。」舒舒說。餐車內部是主要的料理空間，麻雀雖小五臟俱全，瓦斯爐、油鍋、冷凍櫃、備料檯、POS 機……等設備，讓餐車彷彿小型的專業移動廚房。文睿分享，當初設計好後，考量到實際使用需求，有再調整備料檯的大小，讓空間可以更有效地利用；由於設備有油鍋，需要特別注意水平問題，但停靠路邊時，路面的排水設計會使得車身有些微的傾斜，為了解決問題，他特地找來輪檔，可視當天出車的場地機動調整。

發揚台味餐車端出餐廳級料理

　　為何會選義大利麵當成主打商品呢？舒舒解釋，台灣目前的美式餐車多是販售漢堡或是三明治，兩人認為以義大利麵為主打更能創造品牌本身的市場區隔。口味方面，擁有西餐背景的文睿，決定將台灣小吃的元素解構，以西式的烹調手法，詮釋出心中理想的滋味，像是客家鹹豬肉義大利麵，藉由豬肉本身的油脂為麵體帶來滑順的口感，添加自製辣椒醬，嚐得到花椒的香麻；客家白斬雞奶油義大利麵採用舒肥雞胸肉，醬汁加入酸香的桔醬，化解白醬予人膩口的刻版印象；經典的紅醬則與瓜仔肉融合，醬瓜的甘甜讓肉醬更添層次。「我們希望以餐車的價格提供大家餐廳級的美味，創造更美好的品味體驗。」文睿說。

左上／主廚文睿獨創的客家鹹豬肉義大利麵嚐起來鹹香夠味。右上／除了單點，也可加價升級套餐享有飲料以及脆薯，圖為嫩雞瓜仔肉醬義大利麵。左下／獨家醃漬的炸豆乳雞香脆多汁，讓人吮指回味。右下／將所需食材事先處理分類，能加快客人點餐後的作業速度。

餐車內部作業區宛如專業廚房，從瓦斯爐到油鍋設備一應俱全。

開著餐車交朋友朝店面目標邁進

舒舒表示，品牌成立的初衷就是希望能開著餐車到處交朋友，由於自己是屏東人，每年也會特別安排幾個月的南部巡迴行程，期待在旅途中讓更多人品嘗到啤先生的料理。為了避免在消費者心中留下幽靈餐車的印象，負責餐車行銷與管理的舒舒透露，善用社群媒體，盡量讓出車的行程更公開透明，有趣的是不少客人是衝著貓咪啤老闆而來，甚至會在他們出車前私訊詢問「今天貓咪會在嗎？」

疫情期間，出車的行程難免受到影響，文睿與舒舒在這期間推出自製辣椒醬，讓客人在家也能享受到餐車的香麻風味；餐車同時採全預約制，僅開放少量份數供現場點餐，除了可避免排隊群聚，也能確保當天出車的銷售業績。談到未來，文睿與舒舒希望未來能發展成店面，讓品牌更具規模，但不管如何都會保留餐車，秉持著以料理會友的初心。

左上／為了解決停靠地點路面水平的問題，文睿特地找來車檔，能視場地隨機調整，讓作業空間更舒適。右上／導入POS 系統讓點餐、收銀流程更一目了然，同時也方便主廚快速接收點餐資訊，安排製作順序。中／車身設計活動式層板，延伸餐車的使用空間，也可放置已準備好的餐點。下／店貓啤啤從預防針打完就跟著主人一起出車，造就活潑親人的性格，心情好時會端坐在層板上招呼客人。

一台餐車，一隻貓，兩個員工，一份義大利麵與燉飯。啤先生 Mr.PiPi 美式餐車是主打台式創意義大利麵的餐車品牌，強調用平凡普通的食材，以獨特的創意，炒出從未品嚐過的特殊口味，顛覆大家對義大利麵與燉飯的印象。

情侶檔文睿與舒舒只要天氣適合，就會帶著貓咪啤啤上工，擔任餐車的門面招待。

開店計劃 STEP

2020 年
創立啤先生 Mr.PiPi 美式餐車

品牌經營

成立年分	2020 年
成立發源地	台灣桃園楊梅
成立資本額	不提供
年度營收	不提供
車數	1 車
直營／加盟家數佔比	直營 1 車
加盟條件／限制	無
加盟金額	無
加盟福利	無

行動餐車營運

車體	美式餐車
平均客單價	單價約 NT.150 ～ 250 元
每月銷售額	不提供
總投資	不提供
租金成本	不提供
裝修成本	車體改裝與設備 NT.90 萬元
人事成本	不提供
空間設計／改裝公司	店主自行設計
獨特行銷策略	不定期推出限定口味、節日不定期製作品牌小物送給客人

商品設計

明星商品	嫩雞瓜仔肉醬義大利麵、客家白斬雞奶油義大利麵、客家鹹豬肉義大利麵、炸豆乳雞
隱藏商品	季節限定口味（不定期推出）

IDEAL BUSINESS | 22

行動餐車創業全攻略：

從創業心法、車體改裝到上路運營，9 個計劃 Step by Step 教你打造人氣餐車

作　　者｜漂亮家居編輯部
責任編輯｜黃敬翔
文字編輯｜黃敬翔、余佩樺、程加敏、楊宜倩、許嘉芬、陳頴如、郭慧
封面 & 版型設計｜Pearl
美術設計｜Pearl、Sophia
編輯助理｜黃以琳
活動企劃｜嚴惠璘

發 行 人｜何飛鵬
總 經 理｜李淑霞
社　　長｜林孟葦
總 編 輯｜張麗寶
副總編輯｜楊宜倩
叢書主編｜許嘉芬

出　　版｜城邦文化事業股份有限公司麥浩斯出版
E-mail｜cs@myhomelife.com.tw
地　　址｜104 台北市中山區民生東路二段 141 號 8 樓
電　　話｜02-2500-7578

發　　行｜英屬蓋曼群島商家庭傳媒股份有限公司城邦分公司
地　　址｜104 台北市民生東路二段 141 號 2 樓
讀者服務專線｜0800-020-299（週一至週五上午 09:30 ～ 12:00；下午 13:30 ～ 17:00）
讀者服務傳真｜02-2517-0999
讀者服務信箱｜service@cite.com.tw
劃撥帳號｜1983-3516
劃撥戶名｜英屬蓋曼群島商家庭傳媒股份有限公司城邦分公司

香港發行｜城邦（香港）出版集團有限公司
地　　址｜香港灣仔駱克道 193 號東超商業中心 1 樓
電　　話｜852-2508-6231
傳　　真｜852-2578-9337
馬新發行｜城邦（馬新）出版集團 Cite(M) Sdn.Bhd.
地　　址｜41, Jalan Radin Anum, Bandar Baru Sri Petaling, 57000 Kuala Lumpur, Malaysia.
電　　話｜603-9057-8822
傳　　真｜603-9057-6622
總 經 銷｜聯合發行股份有限公司
電　　話｜02-2917-8022
傳　　真｜02-2915-6275
製版印刷｜凱林彩印股份有限公司
版　　次｜2021 年 12 月初版一刷
定　　價｜新台幣 550 元整

國家圖書館出版品預行編目 (CIP) 資料

行動餐車創業全攻略：從創業心法、車體改裝到上路運營，9個計劃Step by Step教你打造人氣餐車 / 漂亮家居編輯部作. -- 初版. -- 臺北市：城邦文化事業股份有限公司麥浩斯出版：英屬蓋曼群島商家庭傳媒股份有限公司城邦分公司發行, 2021.12

面；　公分. -- (Ideal business；22)

ISBN 978-986-408-767-9 (平裝)

1.餐飲業 2.創業 3.商店管理

483.8　　　　　　　　　110020276